最幸福的育兒術

活用NLP教出正向、自律好孩子

丹妮拉・布利坎 —— 著
NLP研究所代表 堀井惠 —— 監修
李友君 —— 譯

※本書原名《活用 NLP，平心靜氣教出好孩子》，現更名為《最幸福的育兒術：活用 NLP，教出正向、自律好孩子》

推薦序

郭駿武

1989年，德國柏林圍牆倒塌，現代德國致力於轉型正義的努力，為世人所稱頌。這是人類面對自己歷史及過往所做的一場大規模關於正義的反思與實踐，其中牽涉國家、司法、教育各種不同面向脈絡的耙梳與整理，而參與的人們需要多大的勇氣來面對不堪聞問的壓迫過往，需要多深刻的思維瞭解「人」的善與惡呢？

1996年，我來到德國參觀一所福祿貝爾小學。拜訪的當天恰巧是孩子的開學日，我們一行人坐在學校旁的公園裡，看著從不同方向走進學校的孩子與父母，人越來越多，但奇怪的是並不吵雜，也沒有喧嘩的聲音。孩子與父母都是細緻的互動著，而孩子與孩子興高采烈的相遇，臉上的微笑總是大過說話的聲音。那一天，來自台灣的我們看在眼裡，百思不得其解；是什麼樣的教育理念，可以教出如此溫柔互動的生活文化？是什麼樣的教育方法，可以不用大呼小叫、氣急敗壞？我們當時並沒有結論，但對於德國的教育卻留下鮮明的印象！

2008年我兒小寶出生，面對台灣長期以來「不打罵小孩就不會教」的教養價值觀及「威權」、「命令」、「體罰」的社會文化價值下，我從一個近二十年教育改革及社會運動的工作者轉變成專職奶爸的角色，身體力行、發展不打不罵的教養方法，倡議「溫柔愛他的心、放手練他的身」的共學理念，只是因為我想嘗試著擺脫讓人成為工具，成為被壓迫者的宿命。

2011年德國政府在面對311日本福島核災之後，作出於2022年全面廢核的能源政策，再一次讓我們見識到德國政府與人民對於人類未來永續發展的遠見與作為。而相較於台灣反核經驗的挫敗，對一個四歲孩子的父親而言，我不禁陷入深深的思索：台灣教育教出的，究竟是什麼樣的「人」？這樣的「人」又組成了什麼樣的國家與社會呢？懷抱著疑惑，在年底我們夫妻帶著快滿四歲的小寶，開始一段為期三個月的大腳小腳、走讀台灣的徒步環島行動，一方面想要協助孩子親身體驗台灣的環境與土地，一方面以身體力行的方式，希望台灣的社會親眼目睹不打不罵長大的孩子，他所展現出的自主、強韌、堅持與樂在生命、生活的特質！

當我收到來自出版社的書稿；翻譯自德國心理學家丹妮拉・布利坎女士所寫的《最幸福的育兒術：活用NLP，教出正向、自律好孩子》的育兒指南一書，我才發現，早在25年前的德國就推動NLP（神經語言程式學）的研究，並將其應用於親子教育溝通之上，而書中所實際描述的親子互動生活經驗，也恰恰好是現在台灣一般父母常會經歷的困境。而令人不可思議的是，書中作者對於教育、對於生命哲學的反思與實踐的過程，幾乎都有非常清楚的條列與方法可供操作與反饋，這是希望教出自主、積極、熱情、成熟孩子的父母，不可不看的一本書。

台灣，正從威權壓迫的時代過渡到民主自由的年代之中，我們生活在過去時代的父母們，與自己的對話，與孩子的互動，與周遭人們的互動，總是擺脫不掉威權式的思維，壓迫式的語言。而這樣的思維與語言，正如書中所指出，是現代父母在育兒、親子教養的麻煩及困擾來源！

那NLP思考模式的前提是什麼呢？

「人皆為歡度美好生活而生。人皆有與生俱來的資源。」

當我們以此思考為前提，透過書中建議的方法練習就能發展出創造性的思維與同理式的語言，僅以我育兒生活中的小故事來跟作者相呼應：

「最近又到了換季的期間，小寶（4y3m）愛跟前跟後的這個年紀，當然是不會錯過這等大事。星期日趁著好天氣，家裡的棉被、枕頭、床墊全數拿去曬太陽，小寶也忙著收拾他散落各地的玩具。而重頭戲就是換裝棉被套、床套、枕頭套，這時就是小寶的玩樂天堂，任何可以鑽的進去、滾的起來、捲在身上的，他一概不會放過！

問題是，很少有父母做家事時可以忍受這樣的干擾與無厘頭的玩法，要不趁著孩子不在或睡著時趕快作，要不就是趁機使喚孩子來幫忙，很難有玩耍的空間。當我跟小寶媽咪大粒汗、小粒汗裝著很難塞進去床套的乳膠軟墊時，小寶正把床墊當作牆壁般衝刺、猛撞，這下子，不要說裝進床套，能把墊子放直就已經很難了。

頓時之間，只有遊戲感（創造性的思維、同理式的語言）上身，才能破解此般困局。我請小寶躲到牆角（清出空間）披著床單安靜的扮演秘密炸彈，等聽到暗號才能跳出來撞擊，我跟小寶媽咪趁著空檔把軟墊趕快塞進床套中（當然塞得很不平），等到把拉鍊拉上，馬上請小寶把床墊撞到床上，然後最近迷上變形金剛的小寶聽到我說需要壓路機來壓平時，他馬上變身成壓路機開始在床墊上來回滾動，這滾動的效果真好，三兩下床套就服服貼貼了，而小寶也很有成就感。

同樣的棉被套、枕頭套，都在遊戲的狀況中一一完成，最後再來場枕頭戰，我們家的換季終於完成了。小寶運動量夠了，遊戲玩到了，很滿足的睡著，我們一家舒服的躺著，聞著那曬過太陽淡淡飄來的特殊味道，渡過愉快的換季時間！」

《最幸福的育兒術：活用NLP，教出正向、自律好孩子》不僅僅是一本育兒指南，它更是一本帶領親子邁向樂活生命的指引！

前言

本書是譯自德國心理學家丹妮拉・布利坎女士所寫的的《媽媽！我才受不了妳呢！》（*Nerv nicht so, Mama!*）一書，並經日本ＮＬＰ研究所監修後編纂成日文版。這本育兒指南在德國一出版即獲得廣大迴響，這次為了將本書引介給各位讀者，書中還增加了許多改寫過的實例，以使內容更淺顯易懂。

丹妮拉女士身為德國ＮＬＰ研究所法人代表，每天積極投入教育訓練、心理諮商和寫作的工作，在ＮＬＰ盛行的德國，被公認為首屈一指的專家。私底下，她則是位兩個小孩的母親，也和大家一樣在試誤學習中努力養兒育女。

本書是丹妮拉女士站在ＮＬＰ訓練員及母親的雙重立場下所寫成的結

晶，彙集許多富有實用價值的建議，有助於改善育兒問題及增進親子關係。

「為什麼我家小孩就是做不到？」

「為什麼孩子就是不聽話？」

「我管教的方式錯了嗎？」

想必這樣的挫敗感一定讓許多人在養兒育女時身心俱疲吧！假如只需改變一下思維和立場就能開心育兒，實現原本輕鬆無負擔的目標，那該有多好呢？親手栽培世上獨一無二的孩子，這份喜悅是只有各位才能獲得的至寶。

想教養出更棒的孩子，根本之道就在於親子間的溝通。

我們認為各位應該善用丹妮拉女士在本書中所提倡的各種觀念，提升自己與孩子間的溝通能力，把育兒變成一件歡欣雀躍的事。如此一來，在此之前等待著大家的，一定是跟各位一樣，眼中閃爍著光輝，帶著燦爛笑容的孩子。

#【目錄】

第2章 以適合孩子的應對方式來開啟孩子的心扉

序　章

教養孩子最重要的事

在某個星期天晚上

晚上8點

「已經8點了！該睡了吧！你們想玩到什麼時候！」

母親大聲朝兩個孩子怒吼。哥哥安德烈說：「現在才正玩到好玩的地方耶！好啦，再五分鐘就好，拜託嘛！」而弟弟馬丁也學哥哥合掌說：「拜託」。

安德烈是一年級的小學生，比現年五歲唸幼稚園的馬丁年紀大。儘管他們兩個說好了每天八點就要去睡覺，但今晚，他們在吃了晚飯後就著迷於玩積木而忘了時間。不管母親提醒這兩個孩子多少次，他們都完全沒有要收拾的意思。最後她的耐心到了極限，忍不住大聲斥責起來。

這種狀況並不是只有今天才出現。每晚臨睡前，兩兄弟就會拖拖拉拉地玩著，好幾次，總要母親生氣了才肯乖乖上床。

母親厭倦了每晚重複出現同樣的問題。當她再次向兄弟倆大吼：「五分鐘後再不上床，我就不說故事給你們聽了！」他們才依依不捨地收拾好積木。

兩個孩子一邊抱怨，一邊心不甘情不願地走向廁所。母親看著他們的背影，開始唉聲嘆氣起來。今天，她嘆氣的次數都多到數不清了。

晚上8點15分

兄弟倆在刷完牙換上睡衣後，總算躺進被窩裡。正如一開始說的一樣，母親都會說個小故事給孩子聽。過不了多久，馬丁就進入了夢鄉，緊接著安德烈也安靜地睡著了。

母親看著兩個孩子的睡臉，沉靜得彷彿剛才的一切從未發生過，於是她開始反省自己怎麼又對孩子大小聲。

「為什麼我口氣就不能再好一點呢？明明只是要叫他們睡覺而已……」

母親嘆了一口氣後，關掉孩子房間的電燈，回到客廳。

晚上8點30分

今天父親出差在外，只要孩子一睡，母親就能悠閒度過屬於自己的時光。她把白天借來的DVD放進機器裡，由於她從以前就很想看這部電影，所以對此非常期待。母親才剛舒服地坐在沙發上看了大概15分鐘，就聽到走廊傳來啪嗒啪嗒的腳步聲。然後……

「媽媽，我肚子餓了。」

只見穿著睡衣的馬丁揉揉眼睛，對母親這麼說。母親原以為自己總算能休息一會兒，因而不禁煩躁起來。但她想起馬丁晚餐吃得不多，就拿了香蕉給他。而在吃完東西後，當然還要再刷一次牙。

晚上9點

10分鐘後，馬丁總算回到床上。母親側耳傾聽孩子房間裡的聲音，確定沒發出聲響後，才放心回到客廳。好不容易坐上沙發，正要繼續去看剛剛的DVD時，電話響了起來。原來是出差在外的爸爸打來的。

晚上9點40分

母親講完電話後，拿起遙控器想再繼續看電影，但這次她卻聽到安德烈的聲音。她到房間一看，只見安德烈坐了起來，正在鬧脾氣。他告訴母親：「這件事很重要，我現在非說不可。」母親看看時鐘，發覺已經快10點了而嚇了一跳。

「有話明天再講，現在你得快點睡覺。明天還要去上學呢！」

「但這真的很重要耶！媽媽，不管怎樣，我現在一定要說。」

「不行，今天太晚了。快去睡，懂嗎？」

母親強迫安德烈上床睡覺後就熄了燈，關上房門。她回到客廳按著遙控器，卻因為掛心孩子的房間是否有聲音傳出，而無法專心看電影。

晚上9點50分

在幾分鐘後，安德烈來到客廳。他找了各種理由起床找媽媽，先是說他怎麼睡都睡不好，幾分鐘後又跑來說想去上廁所，接著他又說睡不著想看電視。

最後母親大聲罵道：

「你鬧夠了沒！你以為現在幾點了啊！」

她強行帶安德烈回到房間，硬把他塞進房裡，並扔下一句：「為什麼老是這樣煩我？真受不了，叫你睡就睡！」就砰的一聲關上了門。

在門的另一端，她聽見了安德烈的聲音。

「我才受不了媽媽呢！」

育兒是件樂事，還是件苦差事？

「我的孩子為什麼這麼不聽話？」

「面對老是叛逆的孩子，我到底該怎麼辦？」

「為什麼我家孩子總是出問題？」

我想，不管是誰，都會對自家孩子有這些想法。正值發育成長的孩子確實難帶了點，父母也沒有喘息的時間，做媽媽的便會忍不住向丈夫、自己的母親、或是同樣都在帶孩子的朋友發牢騷，說不定還會向學校老師或心理諮商師等專家尋求建議。但就算姑且相信專家的話和親子教養書上所寫的訣竅並身體力行，也不保證能達到預期的效果。養育兒女的問題有千百種，不可能針對每個問題都有有效的解決辦法。

照這麼看來，所有養育孩子的「辛勞」，豈不是都得由父母來承擔嗎？

在沮喪之前，讓我們再好好想想，養育孩子究竟是麻煩而吃力的苦差事，還是一件極具挑戰性的樂事呢？

古羅馬有一句格言：「麻煩並非事物的本質，我們如何看待麻煩，這才是問題所在。」

類似本章開頭所描寫的那位母親和安德烈兄弟倆的情況，每天都不斷在世界上的許多家庭中上演。孩子出了問題，父母馬上會受不了的大聲怒吼，接著，在罵了孩子後的父母就會後悔萬分，心想：

「其實我不想大吼大叫的。」

那麼，惹得父母親大吼大叫的人，真的是孩子嗎？

我們大人在小孩一出生後，就會覺得在這之前，所有的思考模式、感受方式、生活和習慣都被完全改變了。但就算生活和習慣遭到顛覆，只要把養育兒女視為一件富有挑戰性的工作，它就會成為親子共同成長的機會，而變成一樁樂事。換句話說，親子共度的生活和育兒的工作是依我們怎麼看待、評價而定，既能把這當作「提供許多學習機會以及樂趣無窮的事情」，也能成為「麻煩得讓人受不了的癥結所在」。

原本養育兒女應該開開心心，充實度日的，沒想到卻在不知不覺中令人感到辛勞、痛苦。我們是否可以斷言，問題並不在孩子身上，而是我們怎麼看待養兒育女這件事呢？

對孩子的成長而言，最重要的就是要給予他們關愛、自由，以及成長所必需的「空間」。我們父母該如何看待養兒育女這件事，就是本書的宗旨。

我們通常會以父母或大人的觀點來看待孩子的行為，而這本書的原名《媽媽！我才受不了妳呢！》則是在告訴大家，若改以小孩的眼光來看事情時會變得如何。若是換個角度來看問題，就會發現，它其實是在問大家：「到底是誰讓誰受不了？」從孩子的視點重新審視，環繞在孩子身邊的世界，就能看出解決問題的新線索。

養兒育女對我們來說是件絕佳的好事。孩子在玩耍中會對周圍的事物感興趣，大膽地湊過去看。他們性格坦率、充滿好奇心、洋溢著生生不息的熱情和能量。這份天性我們本來也有，卻在成人世界裡不知不覺地消失殆盡。假如我們大人能再次喚起那份好奇心和熱情，改變一下心態，對待小孩也能以相互理解的態度度過每一天，親子共度的生活就能重拾原先的平穩，充實地度過一段歡樂的時光。

何謂NLP？

本書是以NLP的觀點來重新檢視親子關係。NLP是現代心理學近年提倡的概念，號稱是一種關於溝通的學問，也能提供我們寶貴的提示和線索讓日常生活過得更圓滿。NLP是神經語言程式學（Neuro Linguistic Programming）的縮寫，但請大家不要一看到這個詞就覺得好像很難而感到害怕。其實NLP非常簡單，是任何人都可以使用的工具。

ＮＬＰ的意思是「用來理解神經（Ｎ）、語言（Ｌ）及程式（Ｐ）交互作用的方法」。

- Ｎ　Neuro　五感（視覺、聽覺、感覺（包括觸覺、味覺、嗅覺））
- Ｌ　Linguistic　語言、言詞
- Ｐ　Programming　處理事件、事情和體驗的方法（程式）

簡單來說，身體、知識和心靈之間，以及體驗、思考／感情和反應之間會不斷交互作用，而了解這種機制的方法就是ＮＬＰ。比方說，假如有人跟大家說：「請各位在腦中想著醃梅子」，許多人就會覺得嘴裡充滿了口水。這種反應是在無意間產生的，它會針對「醃梅子」這個詞，讓以前「吃到醃梅子就會覺得酸」的體驗來影響五感，使嘴巴開始流口水。上述步驟無論任何一個環節都不是獨立運作，而是相輔相成的。ＮＬＰ就是要了解其相互影響的關係，將個體自發的反應組織成更完善的架構。

ＮＬＰ原本是為了運用在心理輔導上所想出來的技巧，在這30年間廣為人知。如今這套理論亦可實際應用在各種地方，包括與人接觸的各場所、學校、職場及家庭中等。

以下這段文字就是在說明，運用ＮＬＰ可獲得什麼實質上的幫助：

ＮＬＰ
是能夠讓一個人
知道自己的目標
也能讓自己和對方更了解彼此
就算遇到痛苦經驗也要培養不服輸精神的
輔助工具

ＮＬＰ理論認為：「每個人都是不同的個體，人人皆有價值，且具備

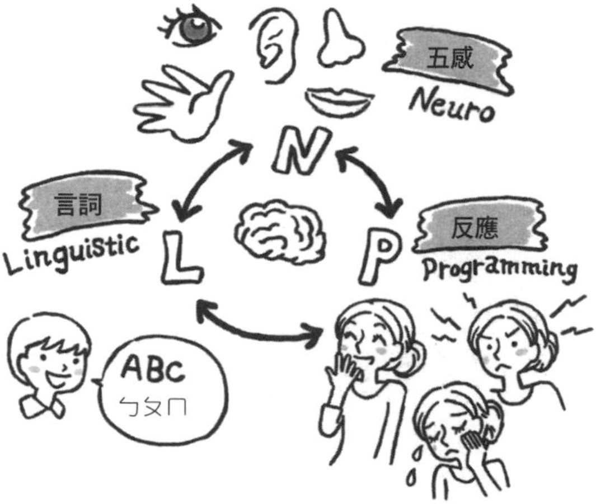

學習能力。」這種觀念也適合做為具有愛的親子關係的基礎。父母要以這種觀念來輔助孩子，讓孩子長大後成為有責任感又獨立自主的人。

若把這段描述NLP的詞句替換成養兒育女，就可以說是：

NLP
是讓父母
能夠知道自己的目標
也能讓自己和小孩更了解彼此
就算遇到痛苦經驗也要培養不服輸精神的輔助工具

利用NLP教育我家小孩

遇見NLP理論是在25年前。當時我將NLP導入自身從事的心理輔導工作中後，產生了超出預期的成果，此後我就持續活用這套技巧，而且也經常能得到令人滿意的結果。

之後我生了兩個小孩，並放下心理輔導工作和NLP理論專心帶孩子，接著我就跟各位一樣面臨到親子間的問題。

我透過心理學和心理治療的知識，在理智上知道父母對孩子會帶來什麼影響，但這些理論卻反而礙手礙腳。我太在乎該怎麼去做，結果什麼也做不成，只能過著手忙腳亂的日子。在這段期間中，我試著轉而去思考身為父母的立足點，於是就想到了NLP。我心想，NLP原本就是一種溝通技巧，假如它也能用在親子間的溝通上，就會對育兒工作有所幫助。於是我嘗試採用了這套理論，並且真的得到了超出預期的成果。育兒並不是件苦差事，而是一件獲益良多的樂事……我找回了每天在奮鬥苦戰中遺忘的初衷，並且也變得能和孩子一同度過有意義的寶貴時光。

透過第一次的育兒經驗，我終於實際感受到工作上的知識如何應用在日常生活中。我覺得自己有義務把親身體驗告訴各位，於是才動筆寫下這本書。

在做心理輔導時，常有人會問我：「要什麼時候才能達成這個目標？」人們在養兒育女時總是會去追求抽象的目標，諸如「當個好媽媽」或是「當個好爸爸」，卻不知何時才會達成。但是，假如我們平常就像這樣追求抽象的目標，時時培養新的經驗，從中學習，再次嘗試，並讓生活中充滿備受認可的機會，總有一天就能輕鬆無負擔地帶孩子。其實父母輕鬆自在的模樣，才是孩子人生最好的榜樣。

本書將會在每一章中介紹NLP的基本觀念，並對於將這項技巧運用在育兒上會出現怎樣的效果做說明。每一章結束之後會有一個小作業，讓各位可以立即跟自己養育孩子的情況相互對照考量。本書試圖探討「父母可以做什麼，好讓親子雙方能夠和諧相處」，這裡所提出的疑問並不是「該怎麼做才能改變孩子」，而是進一步思考「我可以為孩子做什麼」。敬請各位務必從本書中找出答案。

第 1 章

信任的力量能夠讓孩子獲得成長

※ NLP 技巧之 1 ※

了解孩子與生俱來的「資源」

孩子具備的能力

我想，每個父母在帶孩子時，都希望能教養出一個好孩子吧！為此，父母每天都在嘗試並在錯誤中努力不懈。但在育兒時，父母經常會陷入不安，懷疑「這樣做好嗎？」「每件事都沒做錯吧？」因為認為孩子能否過著幸福人生的關鍵全都掌握在自己手中，所以會被壓力壓得喘不過氣來。

我們時常聽說，兒時的體驗會對往後的人生帶來影響。當孩子一出現問題，旁人就會認定是父母的養育方式不當，也就是把責任歸咎於父母。例如當孩子罹患神經性皮膚炎時，這難道不是因為父母過分保護的結果嗎？當孩子表現出具攻擊性的態度時，又難道不是因為父母不夠關心孩子嗎？會養出好孩子還是壞孩子全都要看父母如何去做，諸如此類的觀念只會帶給父母不必要的壓力，將為人父母者逼到精神崩潰，因而使得在育兒的工作中，本應感到開心卻遭受痛苦的人不在少數。

對孩子來說，父母親的存在及所需擔負的責任的確很重大。父母在照顧孩子平安長大的同時也得管教兒女，讓他們能順利融入社會生活。

不過，養兒育女真的全都是看父母怎麼做嗎？難道孩子就只能全盤接受，沒了父母的幫忙就什麼都做不到嗎？

「人皆為歡度美好生活而生。人皆有與生俱來的資源。」

這就是NLP思考模式的前提之一：「每個人都有與生俱來的資源來歡度美好人生」。「資源」翻譯成中文是可資利用的自然物質或人力的意思，而在NLP理論中則指「所有能輔助自己的事物」。資源不單指金錢上的有形資產，也包括自己為求成長及達到目標的、在自己周遭的所有必備要素，例如親人和朋友，他人的經驗和親身的體驗等等。

依照這項前提來看，我們可以說，所有孩子都具備有與生俱來的力量（資源）能自行成長。由此可知，父母能做的就是從旁輔助孩子，讓他善加發揮這份力量。

現在社會上充斥著許多育兒指南書及相關資訊，我們不必侷限在育兒專家所散播的「好孩子」和「完美育兒法」的定義中。只要相信自家兒女與生俱來的資源，為他們提供適當的輔助，相信各位的孩子就能邁向屬於自己的美好人生。

何謂替孩子的成長「預留空間」？

那麼，父母要怎麼輔助孩子成長呢？孩子需要的不是冷冰冰的管理，不是牽著他的手拉他前進，輔助孩子成長最重要的是就要為孩子「預留空間」。「預留空間育兒法」這句話很耳熟能詳，這裡所說的空間的概念，就是指要尊重孩子的自主性以使他能夠茁壯成長。但有一件事希望各位不要誤會，預留空間並不等於縱容及放任，而是要父母容許孩子保有足夠的餘地讓他能夠自行成長。「預留空間育兒法」不是藉由改變孩子來實現，而是要透過改變父母本身的意識和行為來落實，進而成為輔助孩子成長的基礎。

若是在養兒育女時預留空間，父母的言行和情感也會產生大幅的變化。父母會從精神的壓迫中獲得解放，不必在養育子女時非要做到盡善盡美不可，而且還可以用不同角度的眼光來看待孩子，以得知他們的長處和能力。如此一來，父母所要思考的問題就不再是「為什麼這孩子沒有幹勁」，而是「這孩子天生就有幹勁，所以我要耐心地看顧他。不過我能做些什麼，好讓他可以善用與生俱來的資源呢？」

思考如何在輔助孩子時預留空間

請各位回想一下孩子第一次站起來或走路時的情景。想必大家根本不必絞盡腦汁去回想，孩子洋溢喜悅和自信的模樣就深深烙印在眼底，而且各位也一定忘不了自己在看到這一幕時的驚訝和喜悅吧！

孩子的成長總會帶給父母莫大的驚奇。想必沒有幾個父母會強迫孩子自己學走路，但是，孩子不需人教，也不需要別人命令，就會自動自發地練習，並在不知不覺中學會走路。可見，孩子打從一出生起就具備了想要成長的欲望。

想學走路的小孩，其驚人的能量和耐力令人感到訝異。他搖搖晃晃地站起來，然後開始小心翼翼地走路，但卻因失去平衡感而跌倒。這時的孩子不知道什麼是疲倦。他跌倒的次數多得數不清，卻總是再度爬起來，重覆相同的舉動。這樣的耐心與毅力是成人所學不來的，這就是孩子在無意間產生，邁向成長的原動力。善加導引孩子這份天生的能量，就是父母在輔助孩子成長中預留空間的基本之道。

當孩子想做一件事情時，我們會忍不住插手干預，也會搶先一步代他完成，以免孩子吃到苦頭。然而輔助是要提供援助，而不是代替對方做事。「讓孩子不假他人之手，獨力去完成一件事」的輔助方式，遠比「事事幫忙孩子，使其高枕無憂」來的有意義且有效果。知名教育學家瑪麗亞・蒙特梭利（Maria Montessori）說過，教育最重要的原則在於「幫我獨力完成」，育兒的輔助工作也是如此。

比方說，我們可以來想一想，父母要怎麼在輔助孩子之餘預留空間，好讓他能自己學會走路。

首先，要建立正確的飲食生活。輕忽飲食生活、營養不良的孩子，要到很晚才會開始學走路，此外，跌倒受傷的機率也會大增。

然後父母要佈置一個能讓孩子盡情學走路的居住環境。要確保家裡的地板不容易滑倒，或就算跌倒了也不會受傷。當然，危險的東西也要先收拾好。

接下來，父母要告訴孩子，爸爸媽媽隨時都在他身邊，在為孩子加油鼓勵的同時，將安心感深植在孩子心中，讓他知道，不論發生什麼事，爸媽隨時都會幫忙。

在這樣的輔助下，孩子就能安全、放心地認識自己周圍的環境，踏出屬於他的第一步。

另外，父母可以賦予孩子價值觀和基本的處世態度，來做為他成長的目標。這時不要長篇大論，而是要表達出自己的態度和觀念，告訴孩子成長之道，做個好榜樣給他看。在人生旅途中要怎麼選擇，該怎麼走下去，決定權都在孩子自己身上。

優秀的園藝師不會硬把小樹扭彎，他只會在必要時用夾板矯正，協助植物自然生長，成為一棵挺拔的樹木。父母也要像園藝師一樣調整心態，好在必要的時刻能輔助孩子。

孩子自己學走路是個好機會，他會實際感受到所具備的資源是與生俱來的。假如各位有機會觀察孩子，請仔細將孩子的這段學習過程看清楚。孩子是什麼時候開始走路的呢？幼兒踏出第一步的時間會依個別差異而有所不同，短則十個月，長則一年半，此外也會因練習方式而不同。一般來說，學走路的順序是先在地上爬行，然後起身，扶著牆壁行走，再一個人自己站起來。但也有的孩子會跳過爬行階段，突然就開始走路。有的孩子雖然的確是在爬行，卻會自行創造出類似螃蟹橫行的方式來移動。我的女兒才剛會活動就開始翻滾，她用這種翻滾法移動的距離長得令人吃驚。孩子在精神上的成長就如這段過程般，其發展的契機並非來自於外界，而是源於孩子本身的資源。我從來就沒聽說過有健康的孩子非得要父母教才能學會走路的例子。

學說話也是一樣，每個孩子都會依自己的步調和方法來學習。不必擔心自己的孩子學得比別人慢，也無需進行特別訓練。只要父母能預留空間，在一旁看顧孩子，孩子就會產生出發展時所需的空間，以適合自己的步調和方法去完成自我精神上的成長。小孩需要的幫助並沒有我們想像的那麼多，只要給予孩子空間就可以了。一旦孩子真的需要幫忙，他一定會直接表達出來讓父母知道的。

孩子的資源

在此，我們要思考孩子是如何成長的。隨著孩子的成長，其長處、能力和興趣會逐漸成型，塑造出他的個性。特別是有兄弟姊妹的家庭，小孩個性的差異會格外明顯。

我在生下兒子和女兒後的一年間，幾乎都會給他們相同的玩具。不管是哪個孩子，我都會提供玩偶、積木、書本和玩具小汽車，但兒女的喜好和興趣卻各不相同。兩個孩子雖都喜歡積木和書本，但女兒珊朵拉卻對玩具小汽車幾乎不感興趣。另一方面，兒子多比亞斯才剛會抓東西，就迷上了玩具小汽車。多比亞斯很快就學會說「ㄅㄨㄅㄨ」，常會拿許多玩具小汽車來玩。這或許是因為男女喜好有別，但就算在相同環境下長大，對於感興趣的東西也會有很大的不同，同時會受到的影響也不一樣，而這也會啟發孩子的長處和能力。

孩子的潛在能力不可計數。但父母卻會不自覺地把眼光放在孩子做不到和欠缺的部分，然後把這一切視為父母的責任，竭力彌補欠缺的部分，可惜卻總是得不到好結果。就算叫孩子做再多他不擅長或不感興趣的事情，他也絕對不會開心，相反地，反應還會變得遲鈍起來。

別把眼光看向孩子欠缺的部分，要把焦點放在孩子目前能辦得到、現在所具備的長處和能力上。拿手的事情和長處是孩子的資源，相信這些資源，就能放心地看著孩子自己獨力成長。這麼一來，孩子也會因感到安心，而產生發展所需的空間，進而健康地長大成人。

父母的資源

不只是孩子一出生就具備所需的資源，就連父母也是一樣。但父母的問題多半不在有沒有資源，而是擁有的資源在日常生活中被埋沒而喪失，或是被封鎖了起來。

各位可以好好想一想，自己在帶孩子時是否沒有多餘的心力可以去做其他事呢？之前已經提過，父母能做的就是在輔助孩子時相信他所擁有的資源，並為孩子保留一個成長空間。這一點對大人自身來說也是一樣的。要是連父母本人都不相信自身的資源，就無法在養育子女時替孩子預留空間。現在請各位大口地深呼吸，回想一下自己所擁有的資源。過去成功的經歷、幫助過自己的朋友，以及當時的心理狀態，這些就是各位所擁有的資源。

「我其實知道該怎麼做，只是一直沒能想起來。不過在深思熟慮後，我發現儘管時間、做法都不同，但我還是辦到了。就在那個時候，我辦到了。所以我還可以辦得到。」

我在從事心理輔導時經常會聽到這些話。當一個人處於滿腹疑問，承受龐大壓力的情況下，視野就會變得狹隘，就只能從為數不多的選項中找出模糊不明確的解決方法。敬請各位父母務必相信自己的資源，並將之有效活用在育兒工作上。

以下列舉出我們身為父母所具備的資源：

- 責任感
- 做事有計畫
- 有豐富的經驗
- 有母愛、有父愛
- 擁有屬於自己的價值觀

孩子只具備這些資源的其中一部分，所以孩子才會是孩子。

另一方面，孩子擁有的潛在能力能讓他達到精神上的成長，這些也可以視為資源，像是：

- 性情衝動
- 有創造力
- 活潑
- 有柔軟性
- 誠實
- 有耐力
- 具備強烈的好奇心

在這份列表中還可以再多寫些項目進去。各位可以想一想自己的孩子特別擅長什麼？做這些事情時所使用的能力為何？那就是孩子的資源。

父母的世界，孩子的世界

想要過著親子同樂的生活，父母就要意識到：「每個大人和孩子都住在各自的世界裡」，並將這一點視為立基點。

就算親子同時待在同一個地方，彼此的共通點也只佔了一部分，大多時候，都是以彼此特有的方法來掌握自我的世界圖像，活在自己獨有的世界裡。孩子感興趣的東西和父母不同，因此會以不同於父母的觀點來評斷其經驗。

對父母而言，他們不會對壞掉的玩具汽車感興趣。然而對年幼的孩子來說，心愛的玩具汽車一壞，就等於發生了一件足以左右人生的大悲劇，即使父母在這個時候說：「我再買新的玩具汽車給你」，也安慰不了他。不僅如此，這句話還等於是在透露父母完全不懂自己有多難過。

父母在此有著自我的考量，認為與其對玩具壞掉的事耿耿於懷，還不如再買一個新的會比較有建設性。父母也能想像孩子再過一陣子就會開心地拿著新的玩具汽車來玩，反正任何東西都有壞掉的一天。然而這是成人世界的真理，我們必須揣摩孩子的心情，從孩子的世界來看那壞掉的玩具汽車。那台舊了的玩具汽車，孩子不知道玩了多少回，甚至連上頭一點小小的刮傷都包含了各種回憶。在父母忙碌的時候，玩具汽車總是陪著他玩，所以他當然不認為新的玩具汽車可以輕易取代舊的那一輛。

許多父母會覺得自己比孩子懂得多。的確，父母的經驗比孩子豐富，掌握了各種知識和能力，會預估未來並考量事情是否合理。但孩子卻只看得到當下，只能憑感覺來判斷一件事。

「小孩子懂什麼，快給我閉嘴！」

「幹嘛這麼激動？又沒什麼大不了的！」

「等你大了就可以自己決定，現在只要聽媽媽的話就夠了！」

我想，幾乎所有父母都對孩子說過這樣的話吧！為了不讓孩子做出討人厭的行為，或是為了不要讓孩子任性妄為，我們會覺得這麼說是對的。但這卻有一個缺點，那就是要拿孩子的親身體驗去套上大人衡量事情的標準。這樣一來，孩子就會把自己關進自己的殼中，因為什麼都不須要多想，只要想著「父母真是偉大、聰明，什麼都會」，事情就單純多了。

大人的標準和小孩的標準不同，這也使得彼此的世界是不一樣的。我們做父母的在面對孩子之際，一定要先認清這項前提。

進入孩子的世界

假如從大人和小孩兩種不同的思考方式來看世界，將會對促進親子關係非常有幫助。因為父母可以更了解孩子，而引發雙方爭執的導火線也會減少。

孩子是以自己的方式來看待周遭事物的。例如，有的4歲小孩會說：「雲朵是活的。」他看到雲朵一動就改變形狀，還會在天空中移位，就覺得雲朵「是活的」。人們常說4歲到6歲是「魔法的年齡」，這個年紀的孩子感受性強，活在虛幻的世界裡，會相信故事和電視架構出來的世界，想要跟妖精和童話裡的主角見面。他們的想像力豐富，深信幻想存在於現實。在孩子的世界中，這就是真實，這就是真理。

我們究竟該怎麼教導孩子區分現實及幻想呢？

這是我女兒珊朵拉4歲時發生的事。那時我正在開車，女兒坐在我旁邊。突然她開口說：

「快看，樹上坐了一個天使！」

我馬上往那棵樹一看，那裡當然看不到天使。

「天使並不存在，樹上也看不見祂，這是妳的錯覺。就算真有天使，也只存在於天堂。」

我想有的父母應該會這樣冷靜地說理吧！因為父母就是要負責教導孩

子正確的事情。

不過，在4歲珊朵拉的世界中真的有天使存在，她堅信並強調自己看到的就是真相。

「那裡真的有天使嘛！妳沒看見嗎？喏，看清楚點，連羽毛都看得到喔！」

假如這時我還嚴厲反駁女兒：「妳在說什麼鬼話？」她就不會再講同樣的話，而且會懷著「連媽媽都不了解我」的失落感而回到自己的世界裡去。孩子相信爸媽的心意或許會因此動搖，對話也會到此結束，親子間便失去了一次相互理解的機會。

那麼，假設我們在接納孩子的世界後，又要怎麼應對這件事情呢？我

們要先接受一項前提，那就是自己雖然看不見，但孩子的確看見了。接著要感興趣地問孩子看到什麼樣的天使？那天使長得如何？

「為什麼妳知道那是天使？」

「天使在做什麼？」

「祂注意到我們了嗎？」

這番對話一定會為各位帶來前所未有的新鮮感，父母與孩子都會從彼此身上學到很多東西。在此同時，各位也能看到自家孩子的世界。這樣的對話是珍貴的禮物，可以讓大家了解關於孩子的一切。偶而把成人世界的判斷力和常識放在一旁，跟孩子一起看看共同的世界，這絕不是件毫無意義的事情喔！

豐富的想像力是往後人生能否開花結果的關鍵之一。許多企業在研習會中會導入「想像力訓練」，而這是很多人都失去了的能力。假如一個人從小時候起，父母就允許他自由發揮豐富的想像力，那麼他長大後就可以輕易地發揮想像力。

孩子或多或少會隨著成長而學到成人所具備的務實。到了就學年齡後，他會逐漸變得客觀、善於分析，洞察力也會跟著提升。在此之前，敬請各位好好看顧孩子這段孕育豐富想像力的時期，然後在必要時以孩子的眼光來看這世界。

接納孩子所居住的世界能豐富父母本身的生活。孩子對體驗到的事物並不會去探尋其背景和理由，而會接受身體的感覺，對事實照單全收。關於這一點，請各位一定要試試看。

當然，我們不可能馬上就能夠像孩子那樣去看事情。但是，大人具備了預測及分析的能力，如果能像孩子那樣以直覺直接接納世界，我們就能兼備分析式思考和直覺式思考雙方面的能力，我們的人生也將會走入更深奧的境界。

作業

作業① 了解孩子的資源及長處
作業② 了解自身的資源及長處

回答下列問題。

作業① 了解孩子的資源及長處。

❦ 妳的孩子擅長什麼？要盡量多寫一點。

（例）在做習題時能堅持做到最後。

✿ 妳覺得孩子擅長這些，是因為他有什麼樣的長處和能力？

（例）因為他有集中力。

✿ 妳可以給孩子什麼樣的輔助，好讓他發揮自己的長處？

（例）我會給他時間讓他可以一個人專心做事。

作業② 了解自身的資源及長處。

妳擅長做什麼？要盡量多寫一點。

（例）做菜、燙衣服、做指甲、編頭髮、開車和滑雪。

妳覺得自己之所以擅長這些，是因為妳有什麼樣的長處和能力？

（例）因為我味覺很敏銳。

當妳發揮長處後，可以給自己或孩子什麼樣的輔助來達到成效？

（例）親子一起滑雪，以增進孩子的體能。

妳的孩子具備什麼樣的長處是妳也想擁有的？要盡量多寫一點。

（例）想像力豐富。

❧ 要怎麼樣才能從妳的孩子身上學到長處？

（例）親子一起看書，聽孩子說許多讀後感。

❧ 假如孩子在4～6歲時開始有了對魔法世界的想像，請把它寫下來，以便了解孩子的世界圖像。

自己能怎麼輔助孩子，好讓孩子獲得精神上的成長？只要知道自己和孩子的長處，就能看出一點端倪了吧？

本章重點複習

每個人都有與生俱來的資源來歡度美好人生。要相信自己擁有的資源，在心中預留空間，同時相信孩子擁有的資源，輔助孩子，讓他能保有成長的空間。

孩子擁有自己獨特的世界。讓我們一同接納孩子的世界，進入孩子的世界，從孩子的角度來看事情吧！

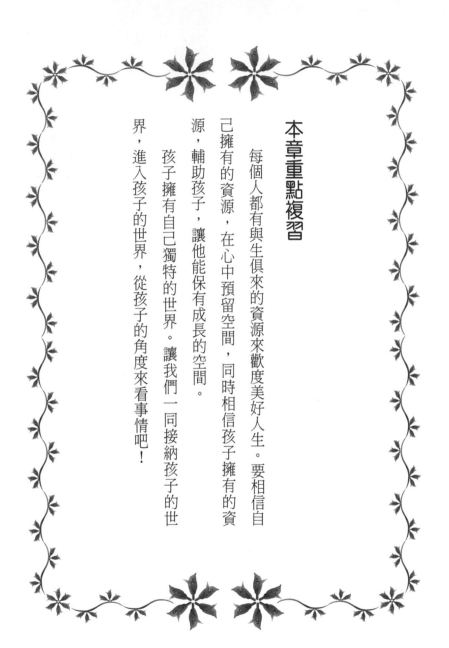

第 2 章

以適合孩子的應對方式來開啟孩子的心扉

※ NLP 技巧之 2 ※
找出孩子具備的「表象系統」

每個孩子的感受方式都不相同

各位父母在跟孩子對話時，是否曾有過這樣的經驗：不管說明得再詳盡，孩子就是不了解父母的用意，或是問了孩子一個問題，孩子的回答卻是牛頭不對馬嘴呢？我們很自然地就因此以為孩子的理解能力是低落的，但仔細想想，我們在跟成人對話時不也會有同樣的感覺嗎？屢屢說好話想討對方歡心，卻搔不到對方的癢處，或是有人拚命向自己解說內容，但自己卻聽得似懂非懂，當出現這類情況時，總會讓人覺得彼此在溝通上出了什麼問題。

在暑假快要接近尾聲時，小學四年級的米娜和二年級的艾咪姊妹倆埋頭在做著美勞作業。米娜用保特瓶做水族館，艾咪則挑戰用空箱子做機器人。姊妹倆花了好幾個小時才完成勞作，並拿去給母親看。母親第一眼看到作品時，很清楚她們兩個都很努力在做作業，於是就誇獎姊妹倆人。

母親摸摸米娜的頭說：「好棒啊！妳很努力耶！」然後握她的手，撫摸她的頭。米娜從小就很喜歡母親這樣稱讚她。接著母親也一樣摸摸艾咪的頭說：「妳好棒啊！」但是艾咪卻問：「怎麼樣？這個做得怎麼樣？」儘管母親說：「嗯，我覺得做得很讚喔！」艾咪的表情卻有些僵硬，不像米娜一臉開心。

這天晚上，父親一回到家，姊妹倆就向稍早那樣把作品拿給他看。父親觀察兩個作品的特徵，並誇獎她們用心製作的部分。他對艾咪的機器人說：「箱子堆得很漂亮，臉也很可愛，好像馬上就會動起來一樣。」艾咪就高興得眼睛都閃閃發亮。

母親在旁邊看到這一幕時，覺得很不可思議。明明自己誇艾咪的時候她還不怎麼開心，怎麼父親一稱讚她就高興成這樣？

這種差異乃是源於每個人優先選用的感官不同。人類會從五感（視覺、聽覺、感覺（包括觸覺、味覺及嗅覺））當中優先選用其中一種感官，這在NLP中稱之為「表象系統」。

兩姊妹對母親的稱讚產生截然不同的反應，是由於她們具備的表象系統不一。米娜用身體感受母親的稱讚，而艾咪則用言語來感受。

何謂表象系統？

表象系統可分為三種類型。表象系統為視覺的人屬於視覺型，表象系統為聽覺的人為聽覺型，而表象系統為感覺的人則是感覺型。

視覺型的人重視顏色、亮度及形狀等影像資訊，並會用此來表達意思。聽覺型的人重視言詞和聲音的資訊，而感覺型的人則會重視身體所感受到的資訊。

在勞作的案例中，米娜因為母親摸頭和握手而感到開心，用身體實際感受母親對她的褒揚，是屬於感覺型的兒童；而艾咪則是聽覺型的孩子，聽到別人用「哪個地方做得好，作品做得有多好」的語句誇獎她，會比摸她的頭更能令她確實感覺受到稱讚。這時我們可以判定，運用身體動作誇讚孩子的母親是感覺型的人，而運用言詞誇讚孩子的父親是聽覺型的人。

每個人就像這個例子一樣，都各有優先使用的表象系統。

此外，夫妻間的互動也會因表象系統不同而有所摩擦。

比方說，丈夫以滿滿的愛意送花給妻子，這時妻子當然很開心，但她不只想收到花，還希望聽丈夫說一句「我愛妳」。而丈夫覺得自己的愛已寄託在美麗的花朵上，足以充分表達情意，因此他不懂妻子為何還想再聽他說「我愛妳」這三個字。

這時我們就能判斷丈夫是視覺型的人，而妻子則屬於聽覺型。

在遇到類似情況時，若能了解對方的表象系統，就可以將溝通的方式著眼於對方的期望和真正的心意上，以減少溝通不良的問題。

了解三種表象系統

那我們要如何辨別表象系統呢？

本書在此歸納了每一型表象系統的特徵和溝通特點。從說話時的動作、眼睛的轉動、常用語句、表達方式等跡象，就能在一定程度內推測出對方和自己的表象系統。

視覺型

・特徵

說話時經常比手畫腳，視線會往上看，重視色彩與形狀等視覺性資訊。表達時只說一個大概，經常省略詞彙，還會突然岔開話題。

・溝通特點

揀選色彩和形狀等用詞來表達，好讓對方容易從描述中得知實物的模樣。當對方話中有所省略時，就詢問對方是否在看些其他東西。在提出問題時只要加上「看」，像是「看起來像什麼？」「可以看到什麼？」之類的問句，就能達到良好的溝通效果。

・「視覺型」的人常會說的話

……看起來就像這樣。讓我看清楚點。看不到。很明亮嘛。

聽覺型

・特徵

這一類的人在說話時多半把手放在耳邊或嘴角上。視線會往左右（耳邊）移動。會按照事情發生的順序來說話，用詞重視邏輯。

・溝通特點

先統整想說的話之後再開口。由於重視言詞，只要對方在所用的語句中加入關鍵字，對話就能順利進行。

在提出問題時只要加上「想」、「認為」，像是「你怎麼想？」「你認為怎樣？」之類的問句，就能達到良好的溝通效果。

・「聽覺型」的人常會說的話

……我是這麼想的。我是這麼認為的。很有條理。好安靜啊。我了解。

感覺型

・**特徵**

說話時，手掌心會面向自己或是碰觸身體。視線容易往下看。語調緩慢，在想出適當的語句前通常要花一點時間。

・**溝通特點**

把感情帶入對話中。在對方回答前會耐心等待。在提出問題時只要加上「感覺」，像是「你感覺如何？」「你對……有什麼感覺？」之類的問句，就能達到良好的溝通效果。

・「感覺型」的人常會說的話

……我感覺到。真叫人興奮。令人心跳加速、七上八下的。喜歡。合適。

就像這樣，只要專心聽對方說話，就會發現每個人愛用的語句和表達的方式會如上述說明般因人而異。各位是屬於哪一型的呢？而各位身旁的人又是屬於哪一型的呢？各位是否能找到以前在和人對話時，之所以會出現歧見的原因了呢？

表象系統就像是「習慣」。我們知道，人會在無意識中從運作於日常生活中的五感內優先選用視覺、聽覺或感覺等感官。視覺型的人也能靠聽覺獲得資訊，感覺型的人也會用言語來表達。當然，表象系統沒有好壞之分，也沒有任何一型是特別優秀的。

表象系統並不是硬要把人套進框框裡，而是讓人有意識地了解對方的工具。

了解孩子的表象系統

孩子其實也具備有表象系統。針對話還說不清楚的學齡前兒童，我們可以從他喜歡玩的遊戲中得知他的內心世界。想像一下有個孩子正在玩沙，假如他玩泥巴時捏得滿手黏糊糊的，就代表他使用的表象系統是感覺；假如他把城堡堆得很漂亮，我們就可以說他使用的是視覺。只不過，孩子在剛出生時，眼睛既看不清楚，話也不會說，所以在成長到某個階段前，會明顯的表現出感覺型的表象系統。因此，屬於視覺型和聽覺型的母親在對感覺強烈的孩子說話時，彼此間就免不了會出現摩擦。

比方說，我們經常可以看到這類親子間的爭執：

母親「時間到了，快點準備出門囉！」

孩子「媽媽，幫我換衣服！」

母親「妳在說什麼啊！自己換不就得了？包包也都準備好了。」

孩子「媽媽，妳來一下嘛！好啦，幫我穿啦！」

母親「都說沒時間了！快點換衣服！」

這種情況是感覺強烈的孩子想要獲得安心、感受關愛而要求媽媽的撫觸，但是，聽覺強的母親卻光用言語指示孩子做事，完全沒給他撫觸。於是，親子間彼此都會受不了對方，母親會興起責備孩子的念頭，抱怨「為什麼孩子不聽我的話？」而孩子也會受不了，覺得「媽媽為什麼不了解我？」

只要專心聆聽對方說話，就能了解他的表象系統，而只要稍微留意一下，就可以避免彼此因表象系統不同所引發的歧見，特別是在彼此心意無法相通時格外有效。親子之間在互動時，父母要尊重孩子的表象系統，留意孩子常用的詞句和溝通途徑，這樣孩子才會安心地回答父母的問題。另一方面，父母本身還有一件要務，那就是要了解自己的表象系統。

讓我們再一次專心傾聽對方和自己所用的語句吧！我想各位父母在說話時，應該也運用了各式各樣的感官吧？

作業

作業① 了解自己和伴侶的表象系統，以及孩子的表象系統是什麼

從ABC三個選項中圈選一個適當的答案。

作業① 了解自己和伴侶的表象系統，以及孩子的表象系統是什麼。

在買洋裝的時候，妳會……

A 憑顏色和造型設計來挑選

B 憑機能性來挑選

C 憑舒適與否來挑選

在餐廳吃飯的時候，妳會……

A 看照片和食物樣品來挑選

B 看菜單上的說明（推薦菜餚和產地等描述）來挑選

C 看我的胃口怎樣來挑選

在吵架的時候，妳會……

A 看對方的臉色和態度

B 仔細聽對方說了些什麼

C 情緒馬上就激動起來

當妳在學習某件事時，妳會……

A 畫圖表或用麥克筆畫重點記住它

B 讀很多遍弄懂它

C 拿筆抄寫記住它

在跟人講話的時候，妳會……

A 經常比手畫腳

B 統整思緒後再加以說明

C 傳達細微的差異和感覺

在拜託別人幫忙做事時，妳會……

A 畫地圖或圖表來說明

B 用言語來說明（連理由也一併解釋）

C 覺得拜託別人很麻煩

早上穿洋裝時，妳會……

A 照鏡子看看穿起來如何

B 聽天氣預報來挑選

C 依早起時的感覺來挑選

當妳有空閒時，妳喜歡……

A　看電影、欣賞美麗的東西如花朵，觀看自然風光

B　讀書

C　活動筋骨（譬如運動或單車旅遊）

當妳要組裝一個東西（家電、家具或塑膠模型）時，妳會……

A　仔細觀察，畫出完成圖後再動工

B　邊看說明書邊照著做

C　先做了再說

妳喜歡的音樂和曲子是……

A 會浮現畫面的歌

B 歌詞合胃口的曲子

C 拍子或節奏不錯的歌

大致來說，選A較多的人為視覺型，選B較多的人為聽覺型，選C較多的人為感覺型。

本章重點複習

表象系統是指一個人在溝通時優先使用的感官，可分為視覺、聽覺和感覺。

父母在親子關係中要了解並尊重孩子的表象系統，留意哪種溝通途徑適用於現狀，以使溝通能順利進行。

第 3 章

正向語言是激發孩子「想要欲望」的關鍵

※ NLP 技巧之 3 ※

致力賦予有效的「激勵」

孩子是憑自己「想要的欲望」成長的

「想要的欲望」是成長不可或缺的要素。不只從幼兒期到成長期這段時間需要這股欲望，就連我們成人採取的所有行動都跟它息息相關。

那麼，「想要的欲望」在育兒當中究竟意味著什麼呢？要怎麼做才能激發孩子「想要的欲望」呢？

比方像，用功唸書、自己換衣服、吃飯時守規矩、舉止彬彬有禮、準時去學校或幼稚園，這些行為一定要靠孩子自己想要做到並有意識地去行動。但這份「想要的欲望」究竟是從哪裡冒出來的呢？

母親在孩子上幼稚園前花了好幾個月叫孩子自己換衣服，但孩子卻總是叫不動，反倒是在唸了幼稚園一段時間後就突然會換了。這是因為他看到幼稚園其他小朋友會一個人換好衣服，覺得自己也不能輸的想法所致。這種在精神上的成長，就是從「我想跟其他小朋友一樣會做同一件事」的心情衍生而來的。

NLP理論認為：「人可以靠自己學習。」孩子一生下來就擁有許多資源，可以在各種場合下藉由自身的努力而開花結果，因此大人的要務就在於安排引發孩子幹勁的契機和場所。

有些話能讓人想像好的結果

「別再睡了，快給我起床！上學要遲到了！」

三年級的大衛早上遲遲不起床。直到母親大聲怒吼，他才勉勉強強地爬起來。

「快點吃早飯！要是不好好吃東西，還不到中午就會餓了！」

於是大衛急忙把吐司塞進嘴裡。

「再不出門就要遲到挨老師罵了。快點！」

母親對大衛催個不停，大衛於是慌忙刷牙，穿好衣服出門。要是動作沒比平常快，他就真的會來不及了。

這種一大清早就鬧得不愉快的光景，想必在每個家庭中都可以看到。

為了催促老是賴床、磨磨蹭蹭的孩子，抬出「遲到」和「生氣」兩個詞是母親最能收到成效的辦法。

究竟這些詞彙能不能使孩子一下就清醒過來呢？雖然讓孩子想像出「上學會遲到」的惡果能夠促使他「時間一到就起床」，不過在這種方式下起床的孩子，從早上開始，滿腦子就充斥了不愉快的想像。

「現在再不起床媽媽會更火大，上學也會遲到。用跑的很累，老師也會生氣。馬上就要開始上課了，也沒時間跟朋友玩。」

於是，孩子為了避免挨罵和遲到，造成他不樂見的結果，最後終於勉勉強強地起床了。早餐也因為「現在不吃等一下會肚子餓」，而懷著不愉快的心情進食。

這裡的重點在於，「一天沒有始於美好的心情」。我想，孩子或許會覺得，他明明不想起床卻被強行叫醒，負面的想像在腦中膨脹，也提不起勁去學校，因而造成孩子在這種不愉快的心情下起床，展開一天的生活。

難道就沒有別的辦法讓孩子「時間一到就起床」嗎？為了讓每一天都能有好的開始，從現在起，不要威脅孩子說他的行為會造成什麼惡果，要想一想哪些語句能讓人想像出好的結果。

「嘿，要起床囉！現在起床就可以悠哉地準備出門，開開心心地吃早餐。要是你早點去學校，在開始上課前的那段時間裡，你就可以跟朋友一起玩，也可以在學校檢查作業哦！」

這番話是在告訴孩子，若是現在起床，就有很多快樂的事在等著他，所以有為此而立刻起床的價值，這樣就可以激發孩子的想早起的欲望。而且孩子也能夠經由美好的想像與正面的情感相連繫，以愉悅的心情展開一天的生活。

一個人在想做出某種行動時的欲望和原動力稱為「激勵」。能讓孩子早上時間一到就起床的激勵有很多種，不管是為了免除會被罵、會遲到的問題、或是為了能輕鬆享受早晨時光，來賦予孩子願意早起的「激勵」，時間一到就得起床這件事都不會改變。特別是在早晨賦予孩子早起的「激勵」，那麼將能大大影響當天一整天的心情，要注意的是，若賦予「激勵」時，只偏重於想要免除問題的「激勵」，這麼一來，孩子就只能在不開心的心情下度過一天了。

正向激勵
起床囉！早點去學校就能和朋友一起玩哦！
負向激勵
快給我起床！遲到了老師可是會罵人的！

何謂正向激勵和負向激勵？

我們就在此思考一下把意識轉向快樂的「正向激勵」，以及要避免問題發生的「負向激勵」有什麼不同吧！

兩種激勵法

正向激勵	負向激勵
指定方向	脫離不快感
朝好的方向努力	抑制、控制
目標	不好的結果
快樂、喜悅	不安、壓迫、強制
理想	慘狀

正向激勵是往快樂、開心的方向去思考，這會促使一個人採取積極的行動。只要想像行動之後會有快樂的結果和欣喜雀躍的光景在等著自己，就能帶著愉快的心情自動自發地去做。

負向激勵時常伴隨著不安和恐懼。由於這種賦予激勵的方法主要是為了避免問題的發生，所以採取的行動也會變得消極起來，反而會招致不好的結果，而且這也會影響下次的行動，常容易產生惡性循環。

比方說，我們來想想看成人的瘦身「激勵」多是什麼。

「要是現在不瘦下來就會變得很醜。我褲子已經穿不下了，不管怎麼看都很臃腫。」

「只要瘦下來就能穿漂亮的衣服，大家也會羨慕我，照鏡子的時候也會很開心。」

我們好好來想想看，將上述兩段文字說出口的反應。哪一種激勵會讓人心情愉快，而願意專心一意地瘦身呢？答案就是後者的正向激勵。只要想像瘦身成功後就能看到自己美麗的體態，這麼一來，就算過程再辛苦，也能以快樂積極的態度跨越重重困難。如此，就能更快速、更安全的獲得心中所想獲得的結果。

父母傾向於負向激勵

孩子的體內深植了正向激勵和負向激勵這兩種機制。想將其中的正向激勵固著下來，就需要有父母和周遭的人做為榜樣。

我們在日常生活中常常容易不自覺地使用負向激勵，會警告在大庭廣眾下吵鬧的孩子：「再不安靜點我就要罵人了！」或是告誡在路上到處亂跑的孩子：「快停下來！用跑的會跌倒！」孩子或多或少會從周遭的人那裡接受到這種激勵法。其實，激勵孩子的語言可以改成「我想要讓大家都聽得到，我們安靜一點喔！」或是「用走的也來得及，我們慢慢走吧。」因為孩子每天都在體驗，父母是如何激勵他們的。

讓我們試著仔細聽聽自己是用什

麼樣的話語激勵孩子的。各位是怎麼跟孩子說話的？是正向激勵比較多還是負向激勵比較多？那麼，在激勵自己的時候又是如何呢？你是不是在無意間，已經習慣了總是使用負向激勵呢？

「要是沒把孩子教好，將來他就會一無是處，無法獲得幸福。」

「要是把孩子教好，將來他就會過著幸福的人生。」

作為父母，這兩種想法的出發點都是相同的，但用來激勵自己的語言卻不一樣。我們要提醒自己多加善用正向激勵，即使是一個又一個微小的變化，在累積到一天或一星期後，心境和結果就會大幅改變。首先我們要仔細想想該用什麼方法對自己和孩子進行正向激勵，然後再請各位實際做做看。我認為，只要對孩子投以積極的正向激勵語言，應該就能明顯看出孩子的行為變得主動進取。

作業

作業① 養成正向激勵的習慣

回答下列問題。

作業① 養成正向激勵的習慣。

在給予孩子各種激勵時，妳通常多是使用哪些語言？請盡量多寫一點。

（例）快收拾乾淨，不然爸爸會生氣。

❀ 妳寫下的激勵是正向激勵還是負向激勵呢？試將剛才列舉的激勵，把正向激勵畫○，負向激勵畫△。

❀ 正向激勵要繼續保持下去。負向激勵要怎樣才能變成正向激勵？

（例）改成「收拾乾淨爸爸就會高興」如何？

最近妳為了什麼理由斥責孩子？試著將具體事例列舉出來。

（例）明明都告訴孩子，夜深了該去睡覺，但他就是不肯停止玩遊戲。

妳認為能對孩子說出什麼話來激勵他，而不須要斥責？

（例）只要妳不玩遊戲早點睡覺，我就唸故事給妳聽。

妳認為，為了不責罵孩子，可以給予自己什麼樣的正向激勵呢？

（例）當我不去斥責孩子時，就會被說「媽媽，妳好溫柔。」

妳總是賦予自己什麼樣的激勵去行動的呢？試著留意自己今天一整天的心聲，把誘發妳行為的激勵寫下來。

（例）我不做便當不行，所以現在非得起床不可。

❦ 妳寫下的激勵是正向激勵還是負向激勵呢？試將剛才列舉的激勵中，把正向激勵畫○，負向激勵畫△。

❦ 正向激勵要繼續保持下去，但要怎樣才能將負向激勵變成正向激勵？請多加考量實際情況，把自己的情感及反應一併考慮進去。

（例）我早上起床後要挑戰新的便當菜色。我可以想像孩子開心的笑臉，當聽到他們說「好好吃」時，我就會感到很高興。

主動找機會練習一下正向激勵，譬如趁著哄孩子睡覺或是在親子間發生爭執時應用這種方法。正向激勵讓妳自己和孩子起了什麼改變？請觀察在持續練習後會產生什麼樣不同的情況。

本章重點複習

試著別對孩子用「請不要這樣～」的否定句，改用「我們來試試～」這種肯定的語言。

跟孩子說話時別讓他聯想到不好的結果，而是要用能夠讓他想像美好結果的正向激勵與他對話，這樣就能清楚看見孩子的行動變得主動進取。

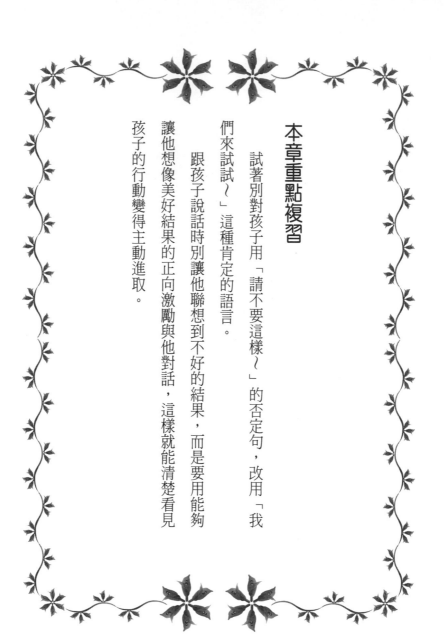

第 4 章

把焦點鎖定在目標上就能解決問題

※ NLP 技巧之 4 ※

試著定下育兒的「目標」

萬一出現問題時……

當我們做父母的發現孩子出了問題要著手補救時，總是只注意到問題本身，追究小孩為什麼不聽話？怎麼孩子竟然做不到？以這些問題為基礎來尋求解決的辦法。但這樣做會收到多少成效呢？事出必有緣故，了解原因的確有助於改善現況，不過，光是知道原因，還解決不了問題。

三歲的格雷戈里、五歲的羅伯特和母親在家裡，時間是傍晚，正是母親忙碌的時候，而兄弟倆就在房裡玩耍。

就在母親做晚飯時，孩子的房間傳來羅伯特大吼的聲音，以及格雷戈里哭個沒完的哭聲，看樣子是兄弟倆吵架了。在忙碌時，小孩的喧鬧聲實在令人心煩，吵得母親心神不寧做不了家事。由於孩子平常都這個樣子，所以她並沒有理會，再說她打從心底認為，兄弟吵架時，大人不該一一插手，而應由孩子自行找出解決的辦法。但兄弟倆吵鬧的聲音愈來愈激烈，母親漸漸沉不住氣，最後她再也忍受不了，氣沖沖地衝進了孩子的房間。

「怎麼搞的！就不能好好玩個十分鐘不要吵架嗎？到底是誰先開始的！」

母親在孩子爭執正烈的時候闖進房裡，大聲叫了出來，而兄弟倆就和平常一樣吵得臉紅脖子粗，聽不進母親的話。反而因為母親的怒氣而使得兩人的爭吵更激烈，成為一發不可收拾的狀態。

最後母親只好將這兄弟倆分開。即使心底覺得這對孩子不公平，卻還是把大吵大鬧的羅伯特留在房間，而將格雷戈里帶到客廳去。

母親在情緒依舊激動的弟弟旁嘆著氣，儘管飯只煮到一半，卻無法馬上提起勁來繼續動手做下去。她總是陷入這樣的困境，在孩子吵架時沒辦法集中精神做家事。

何謂目標？

母親每天都必須做家事，而且都得在有限的時間內迅速做完。哪怕是只有一件事情被耽擱了，都會影響到其他家務。這時孩子要是做了什麼令人頭疼的事，做母親的就會忍不住大聲斥責。就算許多母親有心要解決問題，也多會為了找出事情的原因而苦惱不已。為何孩子們不能好好相處？怎麼小孩就這麼難管教？母親們會被這些問題給弄得愈來愈心煩。

NLP育兒法的概念在於，「著眼於目標，就能解決問題」。其中，「目標」一詞指的是標的、目的和成果。在出現問題時不要去追究原因，而是要將設定目標視為解決問題的捷徑。

我們就從上述案例來思考問題和目標的不同吧！

首先，案例中的「問題」在於兄弟吵架，彼此都爭得面紅耳赤。

這名母親所用的方法是強迫兩人分開。以結果來看算是收拾了局面，但到了隔天，同樣的爭執終究會重演，並沒有從根本上解決問題。她所採取的手段，不過是從表面上去解決問題罷了。

期望與目標的差異

以下我們就來思考解決問題的根本之道吧！

我們聽聽這名母親所設定的目標，她是這麼回答的：

「我想要孩子安安靜靜地玩，好讓我可以繼續做家事。要是孩子起了爭執，我也希望他們自己可以妥善解決。」

這真的是ＮＬＰ所說的目標嗎？

這個答案混淆了「目標」和「願望」的真意。首先，「想要專心做家事」是這名母親所設定的目標，然而「想要孩子安安靜靜地玩」，以及

「希望他們自己解決爭執」的這兩個想法卻不是目標，而是這名母親對小孩的期望。

目標指的是「可以在自己掌控下達成的目的」，並不是對他人的行動有所期待。小孩能不能安靜玩耍，只能靠他們自己去達成，就算母親能打造一個讓孩童靜靜遊玩的環境，也不能控制他們要怎麼玩。

這麼一來，期望和目標之間的不同就很明顯了。目標可以憑自己的努力達成，可以在個人能力所及和應負責任下找出達成目標的方法，進而完成目標。而期望卻是把期待寄托在別人身上，由他人來滿足自己。

這時，假如這名母親以目標來取代期望，她的想法就會改變。「就算孩子開始吵了起來，我也不要插嘴，而是要等他們自己找出解決的辦法」。或許她也會認為「我可以讓孩子們聽聽彼此的意見，給兄弟倆一點時間去商量」。透過自身努力去完成，而不是藉著要求小孩才能達到的成果，這就是NLP所說的目標。

藉由意識到目標，而不是去尋找原因和問題，就會懂得放眼未來。如

此一來就能開拓視野，發現新的可能性。

接下來要再稍微詳細說明目標和期望的差異。

不靠自己而透過他人來滿足的叫做期望。我們的期望能被滿足到什麼程度都取決於身邊的人，這點即使在家人間也一樣。

「希望丈夫能對我溫柔一點」，這叫做期望。就算希望有可能實現，也不是自己控制得了的。既然如此，難道除了放棄希望，順其自然等他對自己溫柔之外，就沒有別的辦法了嗎？與其這麼消極，還不如設定目標，積極行動，這才是有建設性的做法。

在這個例子當中，目標就成了「對丈夫說話時自己要溫柔一點」。若是自己先以溫柔的心去面對丈夫，他也很有可能會以溫柔的態度來回應。

「希望孩子吃飯時規矩一點」，這種想法就是期望。這時父母只要建立目標，自己率先遵守用餐禮儀並愛惜食物，就能在小孩面前做個好榜樣。別一廂情願期盼對方合妳的意，由自己先主動出擊，才能貼近心中想像的結果。

定個目標看看

接著我們就來思考一下該怎麼定出目標。想立下良好的目標，就要滿足以下四個條件：

1. 使用正向的語言

2. 內容要具體

3. 找出自己能做到的目標，而非對他人的期望

4. 確定表裡相互協調

接下來，我們將進一步逐一探討這四個條件。

1. 使用正向的語言

目標要用肯定語詞來表達，而不是否定語詞。我們來看看大腦活動對否定語詞的反應為何。

「請不要想像袋鼠。」

各位的腦中是否會浮現出袋鼠呢？就算沒必要想像出來，大腦也會製

造出影像。「不是」、「不去做」和「縮減」是否定語詞。只要心裡別想著「不去做」，而是善用正面思考來設想「我到底想做什麼」，這麼一來大腦就會製造影像來描繪真正想要做的事，並產生激發的作用。

其他還有許多情況也可以用肯定語詞來表達，像是「我不想責罵小孩」的否定語詞，可以改成「要站在客觀的立場，以冷靜的態度跟孩子說話」。我們可以把「別焦躁」改成「以閒適的心情度過」，把「別過分保護孩子」改成「相信孩子會獨立自主」，或是把「別慢吞吞地做家事」改成「安排好時間做家事」。

像是這樣，使用這類正向語言是達成目標的第一步，也是後面三項條件的基礎，請務必牢記在心。此外，在陳述目標時，也要假設目標已經達成。不要用「我希望起床時有好心情」，而是用「我早上起床時心情很好，一整天都很快樂」這種現在式的說法來表達，當這些事在無意識中形成具體的影像後，我們就會不自覺地朝這個目標邁進。

正向語言也可以活用在對孩子說話的時候。比方說，若是對走在圍牆上的孩子說：「別掉下去喔！」那個孩子就會想像「掉下去」的景象。這時如果改用「慢慢走」之類的正向表達法，效果就會比較明顯。

2. 內容要具體

我們要將目標具體表達出來，而不要用籠統的字句來陳述。另外，假如在形容目標時能簡潔有力則更為理想。

「我想當個好母親」，這個目標任誰都想要達到，但「好母親」具體來說是什麼樣的母親呢？是專心聆聽孩子說話的母親？笑臉常在、明朗快活的母親？還是會煮出營養均衡又好吃的料理的母親？只要把好母親的條件加以分解，各式各樣的目標形象就會具體呈現出來，這樣一來就會明白現在的自己該做什麼，現在的自己需要什麼，自己應當採取的行動就會接二連三地浮現出來，而達到目標的方法也會變得明確。

接下來要運用五感來形容想像的光景。假如把「我想要平心靜氣地跟孩子面對面相處」設定為目標，就要具體地想像它看起來怎樣，聽起來怎樣，感覺怎樣，聞起來怎樣，嘗起來怎樣。對妳來說「平心靜氣的狀態」是什麼樣的狀態呢？或許是傾聽孩子說的話，直視孩子的眼睛，用清晰的語調跟孩子說話，以及放鬆肩頸，藉由深呼吸來舒緩身心。只要能好好想像屬於妳的「平心靜氣的狀態」，就可以往目標更進一步。

此外，形容目標時所使用的言詞長短也很重要。雖說目標要描述得具體一點，但卻沒必要使用多餘的詞彙。我們要養成習慣，簡單俐落地表達最核心的部分。而短句較能發揮精準強調的作用。

3. 找出自己能做到的目標，而非對他人的期望

就如之前所講述的，目標可以自行掌控，而期望則是「希望他能這樣做」，對他人的行為有所期盼，所以期望和目標是有所不同的。

既然不能期望對方的態度有所改變，就只能改進自己的態度來促使對方轉變。我們只要一有不如意的事，總會馬上責怪對方不好，希望對方改變態度。但我們改變不了自己以外的人所會採取的行動，所以就要轉換視點，改變自己的行為，哪怕只能稍微改善情況，也要探尋能夠導向好結果的目標。

4. 確定表裡相互協調

俗話說「任何事都有表裡兩面」，目標也是一樣。當朝著目標前進時，多會出現一開始所沒預料到的困境。在定目標之前先查看「裡面」的情況如何，這種做法是極具深意的。

現在把我們的生活分為家庭、朋友、工作和閒暇等部分來檢視一下。當我們把注意力放在目標上時，或許會認為「目標會有問題？怎麼可能，它明明就很完美。」但若是加以細分審視，就會發現其中所包含的一、兩個缺陷或風險。

假設現在立了一個目標：「我想趁著今年孩子上學的期間去工作。」要是眼中只有工作面，就會看到各種好處。就業能增加與社會的接觸，可以帶來刺激和新鮮的體驗，此外自己還能賺到可以自由花用的錢。另一方面，從家庭面來看這項目標，就會發現做家事的時間減少了，要是手腳不更俐落一點，就有可能無法維持往日的家庭生活。這就是只看到工作上的自己，而沒考慮到在家庭中的自己所導致的盲點。從工作以外的面向來檢視目標後，就會開始懷疑自己是否真的那麼想要就業，甚至不惜放下作為妻子和母親應盡的職責。

在這個時候，就必須根據家裡的情況重新設定目標，把期限從「今年」改成「到明年年底以前」。這樣的例子往往會發生在現實當中。訂立目標時，要從各種面向來觀察，自己真正期望的目標形象為何？想要得到的東西是什麼？要一邊認真的面對自我，一邊思考。

把之前講述的四大目標訂定原則加進去之後，就成了NLP理論中另一個重要的概念。那就是「無論什麼事，只要將它修改成適當的規模（也就是NLP所說的歸類），就有達成的可能。」

妳所列出的目標是否太大，以至於現在的自己無法達成？當目標很大時，就把它具體細分為容易達成的大小。反過來說，當目標太過瑣碎時，就把它變更為更大的規模來掌握情況，這就是NLP所說的歸類。善加利用歸類的技巧，定下具體的時限或時間，而且定出的目標大小要適合現在的自己，這樣就會比較容易實現目標。

教養的目標

訂定目標，在家庭的規則和教養上也具有非常重要的作用。說到教養，我們可以列舉出許多基本態度，像是好好用筷子夾飯菜，吃東西時別弄髒衣服，每天用功唸書一小時，能好好向別人打招呼問好。在定下這類教養規則前，父母首先要確定為什麼要讓孩子養成這種基本態度。比方像是「因為全世界的禮儀是常識，非常重要，所以我希望孩子能好好學會拿筷子」，「我認為，不弄髒衣服與愛惜食物之間是相互連結的，所以希望孩子吃東西時能保持衣物整潔」，或是「累積知識能培養出生活的智慧，所以我希望孩子每天能用功唸書一小時」。

不過，光只確認了原因的現在，這種教養規則只是父母「我希望孩子～」的期望而已，還算不上是父母的目標。那麼，父母為達成上述願望而制定的目標到底該是什麼樣子呢？

如果父母希望孩子好好拿筷子，那麼目標可以是：「我要每天跟孩子一起練習拿筷子。為此我們要一起吃早飯，並且特地烹煮要使用到筷子去食用的菜餚。」如果父母希望孩子吃東西時別弄髒衣服，則可以用心在：「我要激發孩子讓他打從心底想要去做這件事，假如那次吃東西時，他沒有弄髒衣服，我就給他貼紙當獎勵。」如果父母希望孩子養成每天用功唸書一小時的習慣，可以用：「我要安排時間，讓他可以每天唸書一小時，因此我也要每天陪他一起閱讀一小時。」

就算父母的願望是期盼兒女做個好孩子，但可不能完全操控孩子的行為。我們能做的就是改變周圍的狀態和環境，讓兒女更接近成為好孩子的目標。

而做父母的在定目標之際，抱持一個信念並堅持到底也是很重要的。信念會成為父母的價值觀，對孩子影響相當深遠。當其中有矛盾或破綻時，孩子會敏感地察覺到並感到迷惑。這份迷惑會導致孩子對父母感到不安，也會影響到孩子的成長。假如父母自己明確知道，對孩子來說，重要的是什麼，其中的價值觀是什麼，我們家須要什麼樣的規則，並且把家庭

規則、價值觀存在的原因想清楚。如此一來，孩子就可以信賴父母，安心成長。

另外，孩子的目標和父母的目標並不一致。在制定家庭規則時，父母要聆聽孩子的想法和期盼，也可以把家庭規則設定為孩子的目標。

比方說，像是「拿了玩具後要放回原處」的規則，父母就可以跟孩子一起想想為什麼這條規則很重要，然後，再來決定目標。接著父母要問問孩子在朝目標邁進時自己能做些什麼，然後打造通往目標的道路，譬如「把玩具放回原處，下次就可以馬上拿出來玩，也不會不見，所以要好好收拾乾淨。我們一起做個玩具箱來收玩具吧！」孩子在碰到這種不會被父母強迫，可以自己決定目標的情況下，就可以更積極地努力去達成。

有效解決孩子問題的方法就如以上所說的一樣，請記住，不須探求原因，為人父母者只要好好地掌握目標，朝目標行動就好。

作業

作業① 釐清自己的目標

請回答下列問題。

作業① 釐清自己的目標。

妳現在人生中所珍惜的事物是什麼?家庭、工作、金錢還是私生活?要盡量多寫一點。

(例)與家人一同度過的時光。

對於珍惜的事物，妳有什麼想要達成的目標嗎？要盡量多寫一點。

（例）想要擁有許多與家人一同度過的時光。

剛才所舉出的目標是否積極且具體？試著寫上數字、期間和期限，把妳想像得到的都再寫進去。

（例）星期五一定要與家人一起過。

試著寫下妳的願望。

（例）我希望能讓孩子健健康康。

剛才所舉出的期望要怎樣才能變成目標？試著將期望改寫成目標。

（例）為了孩子能健健康康，我每天都要注重營養，提供孩子均衡的膳食。

寫下自己的目標，貼在清楚可見的地方，每天多看幾次（像是洗手台的鏡子、玄關旁、桌子前，或是床鋪旁等），然後讓自己的目標意識深植入心裡。

如果有使用手帳或寫日記的習慣，可以把目標寫在上頭經常翻閱，這樣同樣能發揮作用。

本章重點複習

目標是自己的目的，可以自行控制。達成目標是解決問題的開端。而期望則是對他人的期待，要透過他人來滿足。

別以為孩子的行為都會如妳所願，而是要在腦中設想今後真正想要實現的目標，試著思考如何靠自己的力量來達到目的。

第 5 章

看透孩子的意圖，
就會明白他行為背後的真意

※ NLP 技巧之 5 ※

找出行為背後必然存在的「正向意圖」

何謂正向意圖？

這是我女兒珊朵拉三歲時發生的事。那時她喜歡清理洗手台，每天都洗得很起勁，而在她清完之後，洗手台會沾滿泡沫，地板也弄得到處都是水，到頭來我還得再重洗一次。儘管珊朵拉做得非常開心，不過要說到我對這件事的反應，則是依當天的心情而有所變化。假如這天我心情好，就會誇獎她，但若是在我疲倦或是心情不佳時，就會心不甘情不願地收拾殘局。當我把這厭煩的情緒毫不保留地告訴珊朵拉之後，她露出了難過的表情。

NLP當中有一個前提是：「所有人的行為背後都有正向意圖。」這句話的意思是說，即使乍看之下像是負面行為，但當事人之所以採取這項行動，卻是因為它能夠帶來某種好處。

這裡有兩個重點。第一個重點在於正向意圖和行為不一定相同，而第二個重點則在於，我們所有的行為都是以正向意圖為基礎。依照這些要訣，我們也能以不同的眼光來看待孩子令人頭大的問題行為，而不希望事情演變成這樣的父母，則會自然而然地發現自己該採取哪種措施才恰當。

找出孩子的正向意圖

假如只就珊朵拉的行為來看，會覺得她把洗手台沾滿泡沫，又把地板弄得到處都是水，是一件給母親添麻煩、令人傷腦筋的行為。但她「想幫媽媽做家事」的心意卻是正向的，屬於正向意圖。若是我只注意到珊朵拉的行為失當而斥責她，她就會逐漸打消「想要幫忙」的念頭。自從我發現到這一點後，我對她說話時就不再針對行為，而是著墨在她的正向意圖上，即使感覺疲倦時也誇獎她所做的事，極力表達感謝的心意。後來珊朵拉的表情就變得自豪起來，想成為更厲害的小幫手，遇到其他的事情也會主動說要來幫忙。

這並不代表父母要對孩子大聲吵鬧、造成旁人困擾的行為多加讚美，但孩子真是為了造成旁人困擾才大聲說話的嗎？孩子大聲說話的行為背後其實具備某種正向意圖，也許是想引起父母注意，也許是想沉浸在周圍的注目之下，想必還有的孩子是要討大家歡心。另外，正向意圖雖然也會依情況而不同，但可以確定的是，大聲說話的行為中確實包含了孩子的正向意圖和正面想法。

大人眼中總是只看得到浮現在孩子表面上的行為，因而會責備吵鬧的孩子「給我安靜一點」，喝斥敲敲打打的孩子「別再敲了」。然而解決問題的捷徑並不在於遏止孩子的行為，而是要一併考量孩子的正向意圖後再加以勸告。

認可孩子的正向意圖不但能夠解決問題，孩子也會因「父母認可自己，了解自己」而感到安心，進而培養出自尊心，最後就能幫助孩子健全成長。

同樣在珊朵拉三歲時，她每天早上都會自己換衣服。由於那時第二個孩子已經出生，所以她會獨力換衣服真是幫了我很大的忙。珊朵拉喜歡鮮豔的顏色和大塊的花紋，會選擇大花紋襯衫再搭配花樣相同的裙子或褲子，造型十分大膽。每當周圍的大人一看到她穿成這樣去幼稚園，就會笑她打扮得很奇怪，批評她沒有美感。所以在她挑選洋裝時，我都得努力忍著不要插嘴干預。

但這時珊朵拉的正向意圖在於「獨立自主」，想必她會覺得「我已經長大囉！我要讓媽媽看看我多厲害」吧？因此，為了顧及珊朵拉的感受，我並沒有插嘴干預她該選什麼衣服。當衣著不合氣候要少穿或多穿，或是造型搭配太過怪異時，我就會建議她：「這件雖然也不錯，但那件不是比較棒嗎？」重點在於不要否定她的美感，而是要在認可孩子所作的選擇的前提下提出其他的方案。如果我硬要大力推薦其他衣服，就形同摘掉她想要獨立自主的幼苗，或許反而會害她不敢一個人換衣服。

將焦點著重在意圖而非行為

就如先前所言，人的行為必然具有正向意圖。父母不是要針對孩子的行為有所反應，而是應該表示自己理解潛藏在行為中的正面意圖後再對症下藥。

父母在認可孩子的正面意圖後，他就會感到喜悅，敞開心扉去接納父母。最後親子間的互動就會更深入，更能建立良好的關係。

如果父母老把孩子外在的行為掛在嘴邊批評，孩子就會覺得父母完全不了解自己。若要形諸言語來表達孩子的心聲，他說不定會抱怨：「不過是一點小事，幹嘛要氣成這樣？媽媽一點也不懂我。」這種不滿在日積月累之後，孩子就會封閉心靈，親子間的信賴關係也建立不起來，甚至還會進一步助長孩子的不良行為。

有些青春期的孩子會扒竊店裡陳設的商品。潛藏在扒竊這項行為的正向意圖究竟是什麼？我們又能從中獲得什麼訊息呢？

或許是加入某個小團體之前要先試膽，或許是零用錢不夠，卻想得到和朋友一樣的東西，或是心底正懷著苦惱，在無意識間想引起別人的注意。當扒竊的事情敗露之後，想當然爾，父母會責備、懲罰和怒罵孩子，但這卻是針對「扒竊」這項行為來教訓子女。若父母把注意力轉向潛藏在背後的正向意圖，就會改變對孩子說話的用詞和應對措施吧？

近來青少年犯罪已成為社會問題。這些少年打從一出生就是壞孩子嗎？還是因為一個不起眼的原因而導致他們誤入歧途呢？或許他們犯罪的

契機就在於沒人注意到他們隱藏在行為背後的真實心聲。

「妳真正想要的是什麼？」

就算知道行為與想法是兩回事，不過要在日常生活中當著孩子的面找出其正向意圖，也不是件簡單的事。

最重要的是要聆聽孩子說話。儘管我們做父母的一看到孩子的不當行為就想馬上斥責他，但我們仍要極力克制罵人的衝動，找出他們根本的正向意圖。這時最有效的辦法就是詢問子女：「你真正想要的是什麼？」

克萊兒的班上要舉辦戲劇公演。在吃完早飯後，克萊兒就對母親唉聲嘆氣地說：「我肚子好痛。」母親聽了這話，再看看克萊兒，她的臉色比平常還糟，表情也顯得僵硬。不過克萊兒平常總是拖拖拉拉不肯去學校，所以母親還是回答她：「這會不會是妳的錯覺？」然後拍了拍克萊兒的背

說：「喏，時間到了。路上要小心！在公演上要加油喔！」而克萊兒只回了媽媽一句：「知道了……」，就走出了家門。

過了一個小時，到了上課時間，電話鈴聲突然響起，是學校老師打來的。老師告訴母親，克萊兒還沒到學校，母親嚇了一跳，馬上出門趕去學校，然後她就在校園內不起眼的地方發現克萊兒坐在鞦韆上。母親氣得大吼：「妳在這種地方做什麼？就會叫人操心！學校老師多擔心妳啊！」克萊兒低著頭，一句話也沒說。母親一直責問克萊兒「為什麼要這麼做」，但克萊兒卻愈發沉默，頭也垂得更低，不敢開口說話。

母親突然驚覺自己還沒聽聽克萊兒真正的想法，於是她問女兒：「克萊兒，妳怎麼在外面玩鞦韆，不進教室呢？」不久，克萊兒才嘟囔道：「我就是不想參加戲劇公演嘛！」

母親大力點頭，表示她聽懂了。「是嗎？妳不想參加戲劇公演，所以才會說肚子痛啊。不過妳是真的想請假不上學嗎？妳要是不去，大家可是會傷透腦筋的。妳真正想要的是什麼？」克萊兒想了一下說：「如果我對

演戲很得心應手，我就會想去學校公演。」母親一面撫摸她的背，一面告訴她：「妳擔心自己不知道能不能把戲演好啊。不過，克萊兒，我可是每天都在聽妳練習台詞。妳從頭到尾都好好背下來了，我覺得妳一定能演得好。」接著克萊兒就說：「沒錯，媽媽每天都有聽我練習呢！我已經很會演了。」她又說：「媽媽，我會跟大家一起參加戲劇公演的。抱歉讓妳擔心了。」

然後，母女倆就手牽手走進了學校。

如果孩子在早上正忙著出門的時候說他肚子痛，父母會怎麼看待這件事呢？想必會覺得「你身體真的不舒服嗎？」「都沒時間了還給我出亂子」、「真傷腦筋」吧。而當孩子一出問題，父母通常就會質問子女：「為什麼會做出這種事」。孩子自己也不希望失敗和犯錯，他的本意是「其實我只不過想如此這般，卻演變成這種結果，怎麼會這樣？」這時父母就算追問孩子原因，孩子也答不出來。但藉由詢問孩子：「你真正想要

的是什麼？」他就會說出他真正的期望。即使連孩子都察覺不出自己實際上想要的是什麼，但只要父母先這麼問他，他就會逐漸發覺自己的本意。孩子真正想做的事情就是正向意圖。

請各位一定要努力嘗試，當孩子出現了不好的行為時，要改問他：「你真正想要的是什麼？」若想給予孩子忠告及建議，就要先知道他們的正向意圖。

找出新方法以解決問題的好幫手

本章到目前為止都在探討隱藏在行為背後的真意，而現在則要把焦點放在行為本身。行為是一個人在當下為滿足正向意圖而想出來的最佳解決方法。儘管孩子的行為與正向意圖會有很大的落差，但這是因為他能選擇的解決方法不多。確定正向意圖是能夠獲得更多選擇的捷徑。

有個男生老是欺負一個女生，母親在接到學校通知後問他：「你真正

想要的是什麼？」男孩起初還扭扭捏捏的，說話抓不到重點，但在交談當中，他透露自己的心態是「我想跟她一起玩」、「我想和她做朋友」。原來他不是因為討厭那女生，而是因為在乎所以才會欺負她，男孩欺負女孩的行為只不過是接近對方的手段。母親把兒子的正向意圖一併考量進去，建議他對那個女生道早安問好，或是跟她聊聊喜歡的電視節目。當父母如上述情況般先了解孩子的正向意圖再提出建議，就能提供孩子更多的選擇，讓他在想要滿足正向意圖時採取適

當的行動，進而輔助子女往好的方向前進。

父母在詢問孩子時，要記得讓孩子保持愉快的心情。別質問他「是不是這樣？」，而是要問他「你覺得怎麼樣？」，幫助孩子好好釐清自身的情況。

假如在詢問之前先加以說明，效果就會更好。比方說，母親可以提議道：「假如我是妳就不會這麼做。我會改問她：『妳昨天看電視了嗎？』」而孩子則不必非要接受父母的提議，或為此表現出良好的反應不可。

當然，隨著一個人的成長，他能採用的選項也會跟著變多。

請各位思考一下孩子行動時「想要引人注目」的正向意圖。孩子會為了吸引他人目光而嘗試各種方法，哭也是其中之一。還不會說話的幼兒要博得旁人注目的方法就只有哭泣一途，假如他知道哭得大聲點就會受到矚目，他就會繼續這麼哭下去。

不過孩子會在成長中改變哭泣的方式，他從某個階段起也不會再拿哭

泣當手段，而是改用新的解決方法吸引別人的注意。孩子會唱首歌，要求抱抱，學會說話的幼兒則會用語言來表達。儘管表達的方式相當多樣，但這已經是孩子所能想到最有效的辦法，並試圖以此來表達出內心的正向意圖。父母在面對孩子老是用哭來解決問題而沒有採取新的辦法時，可以協助他找出其它能引人注意的途徑。

孩子為滿足正向意圖而採取的行動，會隨著與生俱來的想像力和成長而急速改變，所以父母必須時常留意孩子的一舉一動。對於孩子為滿足其正向意圖而採取的各種行動，父母要用心找出更好的方法，在尊重孩子情緒的情況下，提供最適當的建議。雖然認可並包容孩子問題行為背後暗藏的正向意圖需要很大的耐心，但這麼做是非常值得的。只要父母能辦到這一點，就能消弭親子之間的對立，孩子也會誠實地對父母說出他的正向意圖。

作業

作業① 了解孩子的正向意圖

請回答下列問題。

作業① 了解孩子的正向意圖。

請想出孩子惹妳生氣的行為。

（例）拿飯來玩。

妳覺得在這種行為中，孩子的正向意圖是什麼？

（例）自己也想幫忙做飯。

妳覺得有什麼解決辦法能建議孩子，以滿足其正向意圖？

（例）我的辦法是要孩子幫忙把大盤的菜分裝到小碟子裡。

請嘗試用語言說出，在孩子的這個行為之下，他真正想要表達的事。

（例）「其實你想要幫媽媽做飯，對吧？」

妳要用什麼方法肯定並尊重其正向意圖？

（例）下次親子一起做飯。

如果妳還想到孩子其他不當的行為，也可以就個別情況來思考一下。妳是否能從妳覺得的孩子的不當行為中發現看待事物的新視點呢？為了改善孩子不當的行為，即便只是像這樣去思考也是很有幫助的喔。

本章重點複習

任何行為的背後都有其正向意圖。別把焦點放在行為上，而是要時常探尋行為背後的正向意圖，積極提問「你真正想要的是什麼？」

父母可以輔助孩子找出更好的解決方法來滿足其正向意圖。

第 6 章

包容的態度是
構築親子信賴關係的關鍵

※ NLP 技巧之 6 ※
學會建立了解孩子世界的「親和感」

父母如何把想說的話傳達給孩子

對話，是溝通最有效的手段。

孩子從跟父母的交談中學到的不只是語言，也能明白許多道理，像是對各種情感及事物的感覺、價值觀、善惡等的邏輯性及社會規範等，進而成長茁壯。另一方面，父母也可以從跟孩子的談話中學到各種東西。雖然親子間的對話常會淪為父母單方面的灌輸，不過要是能做到雙向對話，父母就能直接了解孩子的感受、期望和欲求。因此父母親所說的話，以及用詞的順序和內容，都需要特意地加以改變。

有個母親帶她五歲的女兒麗莎來到醫院。母親去櫃檯填寫表格，麗莎則待在候診室裡玩起了組裝火車。

醫院人潮洶湧，使得等候看診的時間變得很長。母親想趁著空檔先做其他事，她看了看麗莎，女兒正玩得入迷，然後母親走到麗莎旁邊，蹲下來說：「麗莎，妳好像玩得很高興嘛！」麗莎抬頭看著母親，點了點頭。接著母親伸出手對麗莎說：「這裡還有很多人在等，我想先去別的地方一趟，等回醫院後再來玩。」麗莎稍微想了一下之後，就和母親一起離開醫院了。

乍看之下這只是隨處可見的光景，但其中卻蘊含了三大重點。

首先要談的是，父母在孩子專心做一件事時要怎麼向他開口說話。只要母親走到孩子所在的地方，跟他說「你好像玩得很高興嘛」，孩子就會感覺到母親有注意到自己正在做的事情。

第二個重點在於母親要給孩子一點時間，讓他的意識能夠從正在做的事情上移開，準備好聽母親說話。母親要確定孩子看著自己點頭之後再說下一句，這樣孩子就會把注意力從玩耍轉移到母親身上。

第三個重點在於，父母要確實向孩子表達自身的期望，並同時描述未來的展望。母親告訴孩子自己想去其他地方並陳述理由，同時也表明「回醫院後再來玩」以給予孩子展望，讓他知道等一下就可以再玩。

文章開頭的母親在說話時使用了以上三大要訣後，麗莎就因自己被當成大人看待而感到滿意，懷著之後還可以再玩的希望跟母親離開。

假如這名母親沒做任何解釋就抓住麗莎的手說：「現在還是先去外面好了。」麗莎或許會抗拒道：「我才不要去，我要待在這裡。現在才正玩到好玩的地方呢！」就算孩子乖乖聽從，但心底也會留下疙瘩，覺得父母霸道不講理。

父母在說話時要如何傳達出自我的心聲，選擇那種用詞，聲調要多強以及順序為何，這些條件都是架構出親子對話的基礎。

如何和孩子進行良好的溝通？

想要和孩子進行良好的溝通，就絕不能忘記孩子擁有自己的世界。

孩子在玩到入迷時，心思會遠離父母，跑進自己的世界裡。假如父母二話不說就抓著孩子的手要他起身，等於是穿著鞋子闖進孩子的世界裡硬把他給拖出來。

父母親近孩子的要訣在於，父母要自行進入孩子的世界。例如，父母可以學前面的案例，先對專心玩耍的孩子說：「你好像玩得很高興嘛！」這就是其中一個方法。

親子間的代溝起於父母沒有接納孩子的世界，而當父母把自己的意見、顧慮和建議告訴子女時，就會更凸顯溝通不良的問題。父母不管再怎麼擔心，再怎麼幫孩子出主意，一定都是為兒女著想。但也有不少父母感嘆自己說破了嘴，孩子也完全不懂父母的苦心，講過的話好像都白說了。這是因為父母總是單方面對子女施壓，往往一廂情願地認為「我是為你好才這樣說」。這種想法有時會讓父母太固執己見，而這對孩子來說不過是一面倒的說教。孩子不會聽別人教訓自己，他們只會右耳進左耳出，希望單向灌輸的不愉快話題能早早結束。

為什麼大人講話會淪為說教？這是因為父母沒能理解孩子擁有的世界。父母要接納孩子自己獨有的世界，然後走出父母的世界，以孩子的眼光為眼光，彼此的心意才會相通。

這不只適用於孩子，也適用於夫妻或其他大人之間的溝通。包容對方具備的價值觀及信念是溝通的第一步。這並不代表要全盤肯定對方或與對方有同感，重點在於，要先接受每個人都擁有屬於他的價值觀及信念。

通往孩童世界的鑰匙

那我們該怎麼做，才能進入孩子的世界？

NLP中有一個專有名詞叫做「親和感」，指的是人與人心理上的連繫（信賴關係）能使彼此互相信任並對話。建立親和感是NLP的基本技巧之一。為了建立與孩子之間的「親和感」，第一件事就是要「傾聽」子女說的話。不過，單純的「傾聽」還不夠，而是要興味盎然、專心一意並敞開心胸地去「傾聽」。父母要抱持著想要了解孩子的世界，想要知道孩子「在想什麼」、「有什麼」感覺的心態去聆聽。「親和感」是通往孩童世界的門鑰，讓我們一起建立「親和感」，打開孩子世界的大門，使彼此能互相信賴，達到更有效的溝通。

建立親和感的三大技巧

要建立親和感，需具備以下三大技巧。

第一個技巧稱為「回溯」。

這種方法是要重複對方說過的關鍵字，歸納對方的話語再傳達回去。此時需以自己的話來表達對方所講的內容。

比方說，假如孩子告訴父母：「我不想上學了。」父母一定會很想馬上追問發生了什麼事。不過在運用這項技巧時，要先重複孩子說過的話，回答他：「是嗎？妳不想上學啊。」當父母歸納孩子說話的內容再回應，孩子可能會同意道：「對對對，我就是這麼想的。」也有可能會說：「也不完全是這樣……」而有機會修正之前講過的內容。不管孩子怎麼回答，他都會因父母認真聆聽自己說的話而感到安心。

換言之，重複孩子講話的內容，就可以讓他知道父母明白自己說過的話。假如孩子一說他不想上學，父母就立刻追問發生了什麼事，孩子就會覺得說話被人打斷，認為父母不了解自己。此外，對孩子而言，回溯的技巧可以讓他仔細聽清楚自己講過的話，幫助他整理自己的思緒，這對無法清楚表達自己想法的孩子來說，非常有幫助。

第二個技巧稱為「映現」。

這種方法是要在說話時模仿對方的動作和手勢。

當孩子把手肘撐在桌上說他不想上學時，父母也要一面聽他說話，一面跟著擺出手肘支撐的姿勢。做出與孩子相同的動作，可以在不知不覺中讓對方安心，這對幼小的孩童特別有效。

第三個技巧稱為「呼應」。

這種方法是在說話時配合對方的呼吸、聲調和速度。

當孩子低頭咕噥說他不想上學時，父母也要以同樣的語氣，微微低頭咕噥答道：「是嗎？你不想上學啊。」

若是呼應得當，就可以一步步誘導孩子配合自己的步調，也就是NLP所說的「引導」。比方說，若是孩子在氣頭上而語調激動，父母回話時就以同樣激動的語

調來進行呼應，再逐步放慢說話的速度，最後就能引導孩子進入平靜的狀態。

耐心傾聽，誠懇聆聽

要建立與孩子間的「親和感」，最好的辦法就是讓孩子說話，而父母則扮演傾聽的角色。在這個時候，隨著傾聽的方式不同，孩子敞開心胸的方式也會有所不同。

儘管父母一聽到孩子話中明顯有誤或有奇怪之處時，會忍不住想插嘴糾正，不過父母的第一要務還是要徹底扮演好傾聽的角色。縱然光聽而不給建議是件苦差事，但若是匆忙下結論、過於急切的提供建議、嘴上溫柔卻流於表面，這樣孩子是不會高興的。或許當下看來似乎解決了問題，但同樣的狀況說不定還會發生。就讓我們以誠懇的態度先聽聽孩子怎麼說吧！

平時在壓力緊繃下，我們很難耐心地跟孩子說話，但即使一天只有一次的機會能好好聽孩子說話，也是很有意義的。此時，請父母要專心於善用「親和感」三大技巧來聆聽孩子的對話，不需要表明自己的意見。

有的孩子會在父母坐到床邊道晚安後突然多話起來。假如孩子開始敞開心胸說話，我們就該利用每天睡前的時間跟孩子交談，這並不會花太多時間的。然後請各位用心想一想該怎麼聽孩子說話？能從孩子那邊聽到什麼？聆聽孩子的話對自己和孩子的關係會有什麼變化？如此，妳將有機會更深入了解自己和孩子。

這樣一來，孩子在看到父母以

誠懇的態度聽他們說話後，就會開誠佈公地講出心底話來。只要能以這種方式在雙向的信賴關係下交談，父母就能導引孩子自己找出解決問題的辦法，給予良好的支持。

「你的表達方式」和「我的表達方式」

湯瑪斯・高登（Thomas Gordon）所撰的《父母效能訓練》系列書籍，是許多父母及教育專家心目中的經典之作。高登在其著作中說明親子相互理解的關鍵在於「傳達訊息的方式」。「傳達訊息的方式」是在探討一個人用什麼樣的方法，把自己腦中想像的畫面化為語言呈現在對方面前。

傳達訊息的方式可分為兩種，把著眼點放在「你」的「你的表達方式」，以及把著眼點放在「我」的「我的表達方式」。

比方說，有一個母親帶孩子去買東西，出門時因為孩子慢吞吞的，以

致等他們到達商店時店鋪已經打烊了。這時那名母親會怎麼發洩她的怒氣呢？以下將分別說明用上述兩種方式發洩怒氣會是什麼情況。

假如那名母親用「你的表達方式」來洩憤，她就會罵：「看樣子是來晚了。真是的，你實在慢得讓人受不了耶！」「晚來一步店都打烊了！就因為你拖拖拉拉，全都是你的錯！」這種傳達訊息的方式會把責任轉嫁到孩子身上。

假如那名母親用「我的表達方式」來洩憤，她就會說：「看樣子是來晚了，這真讓我受不了。」「晚來一步，店都打烊了，實在氣死我了。」傳達訊息時著眼點會全都放在「我」身上，在肩負身為母親的責任下道出母親這時的感受。

在那名母親用了「你的表達方式」和「我的表達方式」傳達訊息後，孩子的表現會有什麼不同呢？

母親在使用「你的表達方式」傳達訊息時，會責備孩子「你慢得讓人受不了」，把自己心情不好的責任推給孩子。孩子便會覺得是自己不好而失去自信，責備自己。要孩子承擔心情不好的責任是大錯特錯的，「父母有沒有在生氣」是取決於「父母」自我的判斷，父母對自身的判斷和行動都應該要由父母自行負責才是。

另一方面，母親在使用「我的表達方式」傳達訊息時，顯然是把焦點著重在她的感受上。母親生氣是在表達她自己一肚子火，憤怒的矛頭沒有波及到孩子身上。孩子看到母親火大成這樣，就會自行回顧自身的行為，而採取積極正向的行動：「從今以後我動作要快一點，好幫媽媽節省時間，以免她來不及而對著店門口生氣。」

當孩子在餐桌上把飯灑出來而弄髒毛衣時，若母親罵他：「你又把飯弄得到處都是！為什麼就不能好好吃飯呢？真是死性不改！」那麼她用的就是「你的表達方式」在傳達訊息，這就是在責備孩子灑出飯菜而弄髒了衣物。

假如那名母親使用「我的表達方式」來傳達訊息，就不會直接責備孩子。她在運用「我的表達方式」傳達訊息時會說：「我好傷心，又得洗你的毛衣了。」這時母親是在懊惱要做的家事變多了，而不是在責備孩子，孩子就會想要在吃飯時保持乾淨，幫媽媽減輕負擔，不讓她難過。想要讓孩子理解自己世界裡的「任性」程度，父母有必要對於孩子的行為做出反應。然後孩子就會明白自己要是這麼做，父母會生氣、難過及憤怒。藉由這種溝通技巧，孩子就會找到目標，讓自己表現得更好。利用「我的表達方式」來傳達訊息，可以在不責備孩子的情況下，讓孩子改掉自己的行為，使親子雙方找到解決問題的新方法。

會議家家酒

所謂的家庭會議是家人間各自透過談話擬定許多方案，因此能實地練習溝通的技巧。只要大人對孩子說這是在玩「會議家家酒」，營造出遊樂的氣氛來舉行家庭會議，就可以提升孩子的溝通能力。

開會時，家人要齊聚一堂就坐，依序發言。比方說，在會議上可以談談休假的計畫、現在面臨的問題，或是單純描述目前的情況。這時其他人要注意聽，不能妨礙發言，只讓想說話的人表達他要講的事情。大人當然也要給孩子發言權。唯一的規則是，當一個人在說話時，其他人要安靜聆聽，不能插嘴。

若是在發言人旁弄個標記，會談就能順利進行。我家在開會時會依序傳遞米老鼠玩偶，一個人輪流發言一次，講出自己想說的話，女兒和兒子也同樣會以自己的說話方式來發言。在我的經驗裡，孩子很快就會喜歡這種活動，自個兒滔滔不絕起來。

我家幸虧有家庭會議，家人才能一起下決定、解決問題、使家人間感情的連結更深厚。另外，由於在家庭會議上決定的事情也一定會包括孩子的意見和想法，所以他們會覺得自己有責任去努力遵守約定，而不會打破在家庭會議中所定下的規矩。

本書到目前為止都在探討父母與孩子溝通時如何建立信賴關係的要訣，社會上為數眾多教養類或育兒用的指南書，也都強調了親子間良好的溝通才能發揮教養的功效。親子互相信賴，以對等的方式讓彼此心意相通，這就是一切的基礎。

父母要放下無所不知、無所不能的優越地位，到孩子所處的世界走一遭，這就是承認彼此不同的第一步。儘管這麼做會把父母的心思同時暴露在孩子的面前，但只要能辦到這一點，就可以更了解孩子的心，領悟至今尚未發現的適當用詞和說話方法來跟孩子溝通。能誠懇交流意見的家人，一定會締結出更緊密的關係。

作業

作業① 學習使用「我的表達方式」

請回答下列問題。

作業① 學習使用「我的表達方式」。

寫下自己常對孩子說的話。

（例）為什麼你就不能聽我的話！

✤在說話的時候，使用「你的表達方式」和「我的表達方式」來傳達訊息時的拿捏是否均衡？請在剛才列出的句子中把使用「你的表達方式」來傳達訊息的畫△，使用「我的表達方式」來傳達訊息的畫○。

✤把剛才列舉的使用「你的表達方式」來傳達訊息改成使用「我的表達方式」來傳達訊息。

（例）我都不能好好表達自己的想法，真氣人。

✤首先，今天一整天都要不斷花心思善用「我的表達方式」來傳達訊息。

持續用這個方法跟孩子說話時，情況有什麼變化？

孩子的反應有什麼變化？

本章重點複習

父母一開始先不要急著否定或提出建言，而是要先從「傾聽」孩子說話做起，進而認可孩子的世界。想要靠語言相互了解對方，或是營造與孩子之間的親和感，就要積極利用這三大技巧：「回溯」、「映現」及「呼應」。

切記別用「你的表達方式」來傳達訊息，要常把「我的表達方式」放在心上，留意說出口的話是否是出於自己的判斷，同時也要對自己的行為負責。

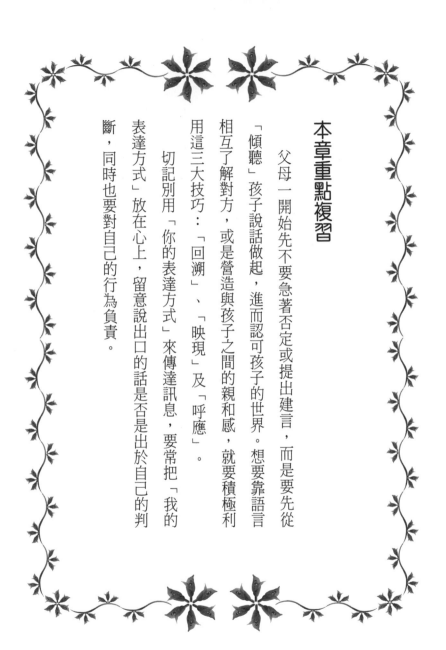

第 7 章

善用壓力管理，減輕育兒壓力

※ NLP 技巧之 7 ※

透過「設心錨」來因應壓力

什麼是育兒壓力？

　　在我們的生活中有各式各樣的壓力。引發壓力的主因涉及許多層面，像是工作、人際關係、健康問題、或是養兒育女的煩惱。本書將會把焦點放在育兒的壓力上。

　　父母在帶孩子時可以避免掉壓力嗎？換句話說，是否有更積極的方法能因應育兒所產生的壓力呢？

　　有個母親帶她四歲的女兒瑪麗亞去超市。時間快到中午，正是肚子最餓的時段。母女倆一走近賣零嘴的地

方，瑪麗亞就纏著媽媽要買她愛吃的巧克力棒。媽媽怕女兒會蛀牙，最近都限制她別吃太多巧克力，於是當然不會去買。只是母親解釋了半天，瑪麗亞還是苦苦哀求，且開始撒嬌耍賴，怎樣都不肯離開那裡。母親氣得罵了瑪麗亞一頓，她因而放聲大哭。即使孩子是因為肚子餓才這樣，卻仍遭到了好幾位客人的側目。就算母親想牽女兒的手帶她走，女兒也一直哭著連說不要。母親知道這時再罵下去會有反效果，只好打消繼續購物的念頭，想盡辦法安撫孩子帶她回家。「下午時再一個人過來買東西好了！」母親在十分沉重的壓力下，心裡這麼想著。

減低壓力的兩大訣竅

我們經常能在超市或餐廳等人多的地方看到這樣的光景，其中一定有小孩在撒嬌耍賴，大哭大鬧。

相形之下，父母的反應則並不一致。有的人會大聲斥責；有的人會溫柔地安撫孩子；有的人會試圖牽孩子的手將他帶離現場；還有的人會毫不在乎的置之不理。父母所產生出的不同反應，都是源自於他們如何去理解孩子的行為。當父母覺得孩子做出不當行為，或是覺得孩子這麼做會有危險時，這些想法就會刺激父母，令他們感到有壓力。這就是會刺激父母而形成不當壓力的原因。當這種刺激愈少，不愉快的心情和威脅感愈少時，承受的壓力也會愈少。

想有效克服這種壓力，可借助以下兩種方法。一種方法是「找出引發壓力的主因」，而另一種方法則是「培養抗壓性」。

想一想開頭的案例，假如孩子大吵大鬧是引發壓力的主因，母親就可以更動出外購物的時段來解決問題。母親能自行選擇孩子心情好的下午時段去買東西，而不是在孩子肚子餓、想睡覺、容易撒嬌耍賴的上午。

的確，一到了下午，就有很多事會等著媽媽去做。只要有一件預定計畫耽擱了，就會影響到其他家務，這麼一來也就沒空休息了。若引發壓力的主因是必須在時間內迅速做完自己該做的家事和育兒工作，那就該好好捫心自問，對事情的優先順序安排得如何？當腦中浮現煮飯、打掃、與孩子心平氣和相處等的行動時，其中最重要的事情是什麼呢？是整齊清潔的家？還是在午後的片刻，和孩子一起做手工藝的時候呢？我們也可以依不同情況去掉優先順序低的家務，或者也可以以自己的方便為優先，配合孩子的需求改變一下順序。只要保留緩衝時間，壓力就會減輕。

若能依上述方式檢討自己為什麼會覺得有壓力，把引發壓力的主因一件件解決，就會從中發現自己可以掌控的事物。

我們並不是隨時都會對壓力起反應。儘管有時會為了一點小事而生氣，但就算哪天又遇上相同的情況，也可以冷靜處理問題。理由就在於我們的抗壓性有所改變，狀態愈安定，壓力就會愈少。就像前面案例中的母親去超市時，若因為某些緣故而使得心情相當平穩，那麼就算瑪麗亞做出相同的行為，或許她也不會覺得那麼有壓力。

斷絕壓力的惡性循環

當我們感受到壓力時該怎麼辦？我們應當要斷絕壓力的惡性循環。以前面的案例來說，惡性循環是指母親受到瑪麗亞哭泣的刺激，對刺激引發了不愉快的反應，而陷入了焦躁的亢奮狀態。儘管想要大罵瑪麗亞一頓來減輕亢奮感，但瑪麗亞卻哭得更厲害，接著，母親不愉快的感覺就愈來愈強烈，東西還沒買完就不買了，也沒有充裕的時間做家事，引發了各式各樣的壓力。

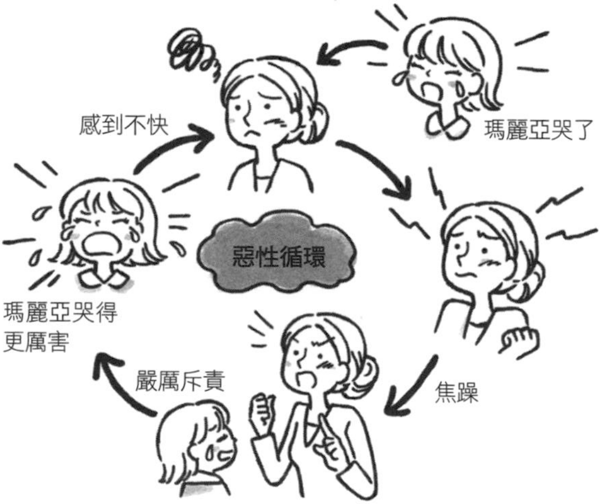

要斷絕惡性循環，就要靠深呼吸來避免情緒亢奮。身體在覺得有壓力時會需要很多氧氣，而透過深呼吸就能輸送許多氧氣到腦部。接著我們可以做一些小運動，比方像刻意扭動肩膀，往上提高，然後放鬆力道垂下來，這樣做能在短時間內呈現出效果。重點在於這時也要深呼吸。

看事情的角度

只要平息身體的亢奮，並去思考如何斷絕惡性循環，減壓的效果就會更好。當我們自認為問題嚴重時就會產生壓力，因此要趁著心神穩定時好好想想這問題有多大，情況最壞時會發生什麼情況，或是在感到壓力的瞬間，退一步客觀審視自我和壓力。藉由這種做法，我們將會意外地發現這其實不是問題，進而找到因應的方法。

如果孩子在超市耍賴撒野，這問題對媽媽來說有多嚴重呢？是會給旁人帶來困擾呢？還是孩子吃了巧克力後蛀牙會增加呢？又或者是沒辦法順利買完東西？要是母親換個角度去想，或許就會發現，每個問題都沒嚴重到會威脅生命。如果擔心造成旁人的困擾，只要道個歉說幾句「對不起」，周遭的氣氛就會改變。

只要從這個角度去設想，那麼一旦壓力快要來襲時，就能夠冷靜思考問題。「等一下，這種狀況還有別的因應之道。為什麼孩子在哭呢？我原本想要怎麼做呢？我希望孩子和周圍的人做什麼？」最後就能斷絕壓力造成的惡性循環，並且有機會重新評估狀況。

克服壓力的經驗會增強我們的自信，累積許多克服壓力的經驗，就能夠提升抗壓性。

何謂設心錨？

我們之前看過了兩種克服壓力的方法，在此要介紹另一種有助於減輕壓力的技巧，那就是「設心錨」。

比方說，各位是否總會在聽到一首特定的音樂後，喚起令人懷念的回憶呢？這時音樂成了「刺激」，喚起特定的記憶則是產生「反應」。這種刺激和反應是相互聯結的，聯繫的強度各有不同，而且具不變性。刺激和反應的聯結是鬆散而且很輕易就會起變化，譬如「以前我一聞到某個香水的味道就會想起舊情人，後來我遇到一個朋友，對方擦了同樣的香水，所以我現在一聞到同樣的香味就會想起那名友人。」另外，也有相同的刺激總會引發相同的反應的固定聯結，像是「每當我剛好經過貼著減價廣告的商店時，就算沒有要買東西，也一定會進去逛一下。」這種喚起特定反應的刺激就叫做「設心錨」，而透過這種刺激所喚起的反應就叫做「心錨」。

每個人都可以設心錨。聞到咖啡的香味就想起早晨清新的空氣而感到放鬆；聽到跟情人一起聽過的音樂就想起當時幸福的心情，這些也都是在設心錨。所有人的周遭總會有各種設心錨的技巧且會對此有所反應，只是自己沒有意識到罷了。換句話說，各位其實都掌握有激發他人反應的設心錨的訣竅。比方說，當孩子回到家時，母親會穿拖鞋走向玄關，發出啪嗒啪嗒的腳步聲。或許這聲音對孩子來說就是在設心錨，因為這會喚起他安心的反應。

設心錨不一定是出於有意識的行為，許多人在還沒有意識到的時候就激發了反應。舉個常見的例子，人在看到紅燈後，體內會出現停止的反應而踩煞車或停下腳步，身體會在刺激抵達意識之前認知到交通號誌在閃紅燈。

另外，我們的身體也會對些微的刺激起反應。對我來說，耶誕節零嘴、蠟燭和冷杉木的香味就是這種刺激。其他例子還有，一看到出外旅行時的照片，就沉浸在當時的心情中而興起歡樂的感覺。小孩出生時的照片也能讓人在短時間內浮現許多回憶和情感，這些都是減輕壓力的強力幫手。而能承擔這項任務的不只是照片，音樂或香味也都可以派上用場。

設心錨以減輕壓力

活用設心錨的技巧，就能改善承受壓力的狀態，保持心情平靜。比如說，在眾人面前講話時，只要在手心上寫「人」字三遍後再吞進去就會定下心來。這種情況就是自行設心錨以減輕自己的壓力，而這方法是隨時都有效的。

我在設心錨時會握住雙手，十指交扣緊緊貼在胸前，這樣就不必牢牢牽著孩子的手，也能想起走路去公園時的感覺。當覺得有壓力時，只要緊緊握住雙手，就能讓當時感受到的焦躁和憤怒在瞬間一掃而空，重新找回平靜的感覺。

對孩子也可以使用這種技巧。當孩子透過對話再次想起開心愉快的事情，臉上洋溢著燦爛的光芒時，就使勁拍拍他的肩膀說：「孩子，你好厲害啊！」這種「使勁拍拍肩膀」的刺激對孩子來說就是在設心錨。當孩子失去自信和發生不愉快的事情時，就使勁拍拍他的肩膀，這樣孩子就能在不自覺間喚起幸福的狀態。

同樣的方法也可以用在照顧孩子上。

比方說，我們可以在家中張貼與孩子有關的圖畫和照片。幼小的兒童也會對這些東西起反應。在我家裡，暑假旅行時的照片能夠穩定每位家人的情緒。我女兒珊朵拉在暑假時聽的音樂至今仍對她意義非凡。她聽了這首曲子後就能瞬間想起那些大人允許她在深夜時一起跳舞的歡樂夜晚的氣氛。要是她早上還一臉惺忪，彷彿還在被窩裡睡覺的模樣，我就會讓她聽聽這首歌，結果馬上就會出現效果，她很快就完全清醒了過來。藉由這個方法，好幾次都能準時去幼稚園上學。

設心錨不只能有效減輕父母在日常生活中的諸多壓力，也能有效降低孩子的壓力。設心錨本身雖不能解決問題，卻有助於改善許多困境。請務必找出適合自己及家人的設心錨方法。

孩子也會感覺到壓力

孩子能敏銳感受出父母的壓力。父母窮緊張的態度會讓孩子精神不穩，也會給他帶來壓力。這會引發孩子不良的反應，讓他以為是自己不好，擔心是不是自己做錯了什麼，覺得自己不受父母的疼愛。接著孩子就會躲進自己的殼裡，或是反過來暴力相向，來消除這份不安和壓力。請各位別忘了，會覺得有壓力的人不只有父母，孩子也是感覺得到的。然後再多加利用設心錨的技巧紓解壓力，不要讓壓力累積下來，就能有效控制每天的焦躁和憤怒。

另外，若父母看出了孩子有壓力，就可以安排時間和孩子一起活動身體玩一玩，或是坐下來仔細聽孩子說話。

作業

作業① 找出適合自己的設心錨方法

請回答下列問題。

作業① 找出適合自己的設心錨方法。

請回想一件讓妳感到資源非常豐沛的經驗（也就是NLP所說的豐資狀態）並寫下來。比方說拿到了好成績、在運動比賽贏得優勝、聽到別人說了令妳開心的話、達成某個目的、體驗到洗滌心靈的大自然之美……等。

（例）小孩出生後，第一次將他抱在懷裡的瞬間。

再一次回顧當時的情況，試著從當初的親身體驗中，把妳所看到的、聽到的，以及所感覺到的事情都寫下來。妳看到什麼畫面？當時有誰在？妳聽到什麼？妳聽見誰的聲音？感覺如何？要盡量寫得具體一點。

（例）我看到孩子剛出生時皺巴巴的臉，看到喜極而泣的先生，聽到小寶寶精力十足的哭聲，那聲音彷彿在對大家說「早安」。當時我覺得自己感動得發抖。

一邊深呼吸，一邊好好看著那幕畫面，專心聆聽聲音，仔細回想體內的狀態，再次體驗當時的感受。

❧ 這種滿足感會在不知不覺間成為自己身體的一部分，隨時都可以將它喚醒。把手緊貼在妳想喚起滿足感的地方，不管是身體那個部位都行。可以把手緊貼在胸口，或是把手緊貼在胳膊上。

（例）用右手緊緊握住左手肘。

❧ 深呼吸一次，想想今天早上是幾點起床的。把手貼在剛才有滿足感的地方，確定這種感覺是否有復甦過來。

如此一來，無論妳遇到什麼情況都能隨時喚起滿足感，這就是適合妳的設心錨的方法。當妳感覺到有壓力時，就深呼吸一次再設心錨看看。

本章重點複習

我們要弄清楚造成壓力的主因，尋找自己可以掌控的事物，然後再面對壓力，探尋斷絕惡性循環的方法。

會引發特定反應的刺激就叫做設心錨。我們要打造適合自己的設心錨技巧並靈活運用，藉此改善感受到壓力的狀態並保持平靜。想去除孩子的不安和緊張時，也可以使用設心錨的技巧。

第 8 章

父母輕鬆自在，孩子天天開心

※ NLP 技巧之 8 ※

藉由「模仿」成為理想父母

什麼是好父母？

很多父母常會想：「我該怎麼改變孩子，才能把他教養成一個好孩子？」不過NLP教養法的先決條件卻在於「身為父母能為自己做些什麼，才能把兒女教養成好孩子？」

我們一開始應該先當個好父母，以健全的身心度過每一天，讓自己幸福，這麼一來，孩子就能每天過著開心的日子。但光做表面工夫對孩子來說並不管用。孩子具備敏銳的感覺，能感受到父母之間的感情、夫妻關係和家裡的氣氛。身為父母要經常思考平時要以哪種舉止和姿態來作為孩子的好榜樣，這麼一來，親子間就能好好相處，正視彼此的成長。

以「模仿」貼近所憧憬的人

NLP中有一種技巧叫「模仿」，所謂模仿指的是以已經實現了自己心中理想形象的人為榜樣，仿效那個人的行為舉止。「我想和〇〇一樣總是……」、「我想和□□一樣成為一個……的人」，採用這項技巧時要像這些句子般具體列出姓名，並模仿那個人的行為及態度。比方說，當我們想要乾淨俐落地做完家事時，雖然也可以拿身邊能做到這點的人為榜樣，但也可以模仿形象幹練的女演員，或是模仿她所演出的電影和電視劇中性格精明的角色。我們要模仿動作俐落時身體的感覺，肌肉的運動，以及迅速輕快的動作，想像自己在做同樣的動作時會是什麼模樣。在重複想像好幾次自己手腳俐落的過程中，身體就會在無意識間跟著這樣動起來。

凱倫是位28歲的母親，雖然想讓兩歲的女兒去附近公園玩耍，但卻遲遲無法踏進公園一步。由於凱倫原本就畏縮不前，害怕走進人多的地方，所以看到聚集在公園的媽媽們感情要好的模樣就喪失了自信。

於是，凱倫模仿的對象是以前的女演員奧黛麗・赫本，她外在的形象是個善於社交的人，跟別的孩子也能夠相處融洽。凱倫很憧憬在電影上看

到的奧黛麗・赫本，她在跟人交往時總是笑容可掬。凱倫想起了奧黛麗・赫本走進大批人群中，她那每個人看了都會感到自然的舉止、挺直背脊悠然行走的姿態、開朗燦爛的笑容，這些都鮮明地浮現在她腦海裡。

接下來，凱倫想像自己在那部電影中登場，試著把奧黛麗・赫本換成自己。凱倫用全身來體驗奧黛麗・赫本跟其他女性談天時的舉止，和小朋友說話時的感覺，不久她就成功打進公園的社交圈中。

凱倫在模仿奧黛麗・赫本的

過程中，親身體驗到自己做出跟她一樣的動作時會有什麼感覺，而後終於如願帶孩子到公園加入人群中。只要仿照這種方式，想像自己獲得了想要的能力，變成想要的模樣，就會產生巨大的力量，進而在現實中得到那些東西。

模仿不只能用在身體動作，也可以針對說話方式、表情或思考模式來進行。想要完成自己做不到的事，以及希望彌補自身不足的人，別光在心裡羨慕，快來實地模仿一下，或許妳將會發現，之前以為做不到的事和不足的部分都只是畫地自限。NLP中有一個重要的前提在於：「只要有一個人辦得到，另一個人就可以透過模仿來學習。」

模仿練習

選定一個現在還無法順利達成，卻希望能辦到的事，然後回想一下能成功做到這件事的人。把這名能具體想像出來的人視為榜樣，假設這個人就在眼前活動，表情、姿勢和聲調都清清楚楚。接著要讓這個人去做自己想做的事，再把模範人物換成自己，想像自己行動時的樣子。這時也要想像周圍的人在看著妳，並設想他們的反應。而後再想像不久的將來，在達成那件事之後的自己會是什麼樣子。

不管在什麼時代，父母都是孩子的榜樣

對發展階段的孩子而言，父母可說就是他們的榜樣。我們做父母的也會在成長過程中不自覺模仿自己的父母，從父母那邊承接到的事物，現在也仍在我們體內生生不息。而我們在養育孩子時，多多少少也會沿襲父母親做事的方法。也就是說，我們會有意識或無意識地向自己的父母學到，何謂父親、何謂母親的樣貌。

請大家仔細想一想，我們從雙親那兒繼承到的美好事物是什麼？

在我們所繼承到的事物中，想要延續下去的是什麼？我們想讓孩子繼

承的價值觀是什麼？

我們這些父母小時候遇到的並不完全是好事，這和心態無關，而是每個孩子都一定會歷經到磨難。然而孩提時痛苦的經驗不單只有艱辛，它也是學習的泉源，對往後的人生很有幫助，可以藉此激勵自己「沒有失敗，只有從中學習」。

要把孩提時的磨難當做往後人生的教訓，就必須把這種經驗好好加以理解清楚。我們這些父母要仔細分析痛苦的經驗為何讓人感到難受，要怎麼做才不會吃到苦頭，將結論納入自身世界的雛形，然後把它當成好父母的雛形呈現在孩子的面前，這麼一來就能從中學習而不會重蹈父母的覆轍。假如我們發現自己從父母身上學到不想要的行為舉止，就不必照樣模仿，可以視我們的需求加以改良。

管教的規範

我們父母所處的年代所流行的典型教養方針就是體罰。甚至體罰在不久以前還很普遍，有些國家至今仍在施行。

知名的兒童文學作家阿思緹・林格倫（Astrid Lindgren）以體罰為題材寫了一則打動人心的故事，她以這則故事榮獲了1978年德國出版協會和平獎。

從前有一位媽媽，她從來沒打過孩子。有一天，她覺得自己一定要對兒子再嚴格一點。這位媽媽想到可以拿棍子打小孩，就叫兒子到外面去撿根棍子回來。後來小男孩拿了顆石頭回來，並跟她說：

「我找不到棍子，要懲罰我的話，就用這個吧。」

媽媽羞愧地哭了出來，孩子也跟著哭泣。之後，孩子就沒有挨過媽媽的打。

就算我們以前被雙親痛罵、斥責、受到體罰，或是反過來受到父母縱容、放任，又或者在其他主義、規則下成長，其理念都已深植入我們的骨髓中。即使如此，能不受過去束縛，重新為自己與孩子找出最適用於生活中的規則的人，正是我們這些父母。因為我們能決定自己究竟想要如何與孩子相處，也能決定自己想怎樣與自己相處，同時這也是身為父母的責任。當然，由我們決定的相處方式和家庭規則將是孩子成長為大人的基礎，就算脫離孩子的期望，孩子也會傳承下去。那麼，請問各位覺得剛才在林格倫故事中登場的孩子，長大後會成為執行體罰的父母嗎？

父母是孩子的輔助者

使孩子改變並非是父母的使命。再者，就算父母想改變孩子，孩子也不是能任人操弄的物品。若父母能給孩子預留空間，孩子就可以自行成長。父母的使命是要幫助孩子健全成長，成為孩子的支持者，並做為孩子的榜樣。

身為支持者，首先要能看清楚孩子是否和平時一樣處於正常的狀態，並協助孩子發展。孩子懷有想要獲得滿足，期盼能受到認可，希望被看見的明確期望。只要知道孩子的期望，就能找出各種行為舉止背後的正向意圖。正向意圖對孩子而言，基本上是出於善意，但有時行為本身所呈現的卻不一定是最好的表現方式。讓我們尋求能夠滿足孩子期望的新的可能性，以寬廣的心給予孩子能向父母開口求助的教養方式吧！如此一來，孩子將會成長為一個獨立自主的人，並學習到選擇的自由與責任。

最後，我要引用一段描述了父母作為支持者的境界的詩句，來致贈各位並當作本章的結尾。這首詩出自卡里・紀伯倫（**Kahlil Gibran**）的詩集《先知》（*The Prophet*），篇名叫做〈孩子〉（*On Children*）：

你的孩子並不屬於你
而是生命渴盼自身所誕下的兒女

他們透過你來此世間，卻不為你所生
他們與你同在，卻不為你所有
你能給孩子關愛，卻不能逼他們思考
因他們有自己的思想
你能給他們居所庇蔭其身
卻不能庇蔭其靈魂
因他們的靈魂住在明日之家
是你絕對進不了的地方
那怕是在夢中，你也無法抵達
你可以努力模仿他們
卻不能期望他們像你
因為生命永不復返
也不與昨日一起停留

作業

作業① 回顧自己如何模仿父母
作業② 找出新的榜樣

請回答下列問題。

作業① 回顧自己如何模仿父母。

❀ 妳的行為舉止是否模仿了妳父母的教養方式或基本態度？

❀ 當妳還是個孩子時，妳父母的教養方式或基本態度是怎樣影響妳的？

（例）家人聚在一起吃早餐的基本態度讓我養成早起的習慣。

妳父母對妳的關愛如何？

（例）父母會對食品精挑細選，好讓我一直保持健康。

又，妳可以做些什麼讓自己去模仿這一點？

（例）我會選用無農藥的蔬菜及安全的食品，然後把相關知識傳授給別人。

妳可以想起父母對自己的教養方式嗎？有沒有什麼新發現？

作業② 找出新的榜樣。

✿ 請舉出在妳人生中想模仿的新榜樣或新行為。

（例）我希望能學別人不要亂花錢。

✿ 這種模仿會帶給孩子什麼樣的影響？

（例）可以培養孩子珍惜物品和金錢的能力，賦予孩子金錢觀念。

妳希望孩子模仿自己的哪個部分再傳承下去？

（例）我希望孩子能學我好好地跟別人打招呼問好。

本章重點複習

把自己的理想形象具體呈現在自身外貌上，並實際效仿的行為就叫做模仿。

模仿是將現實化為理想的巨大力量。雖然自家父母或多或少也是自己的榜樣，但自己卻能選擇要延續父母的做法再傳承給孩子，還是要就此根絕。

就讓我們成為孩子的榜樣吧！

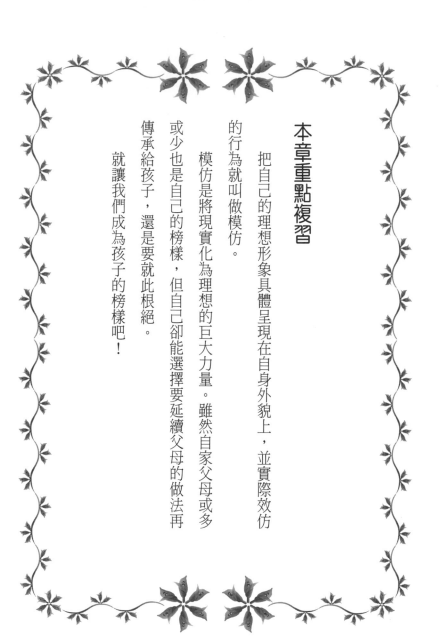

終　章

找出產生差異的變化

找出產生差異的變化

孩子的誕生會給父母帶來許多幸福，另一方面，壓在肩頭上的責任與義務也會隨之而來，有時甚至還會覺得這份責任和義務沉重不堪。一個人在為人父母之後，就代表他的人生將掀起劇烈的改變。當父母絕不是件簡單的事，卻是件富有價值、值得誇耀的工作。

與孩子共度的最初幾年是魔法般的時光。父母深入了解孩子，接連發現孩子的性格、夢想及才華，就像跟孩子出外旅行一樣。「孩童心靈的成長」是我從唸大學起就關注的主題之一。要怎樣養育孩子才能讓他幸福健康的長大？該怎麼做才能讓孩子注意到自己的可能性，進而實現夢想？我們這些父母又可以怎麼幫助孩子，讓他樂於追逐自己的夢想，成功達到目的？我身為心理學家經常要思考這個問題，而給予解答的人，就是我自己的兩個孩子。

我從孩子身上學到了很多東西。每當跟孩子在一起，就能在無意間體驗到日常生活中純粹喜悅的瞬間。譬如孩子會在去幼稚園的路上停下來，對人行道上的水窪感興趣，好奇太陽會怎麼反射光線，或是驚訝雲朵的形狀突然變得像條龍。年紀還小的孩子是靠身體去感覺，藉此了解時光的流逝及事物消逝等各種「變遷」的概念。父母在目睹孩子的反應後，能學到以前沒感受到的新事物的關聯，以前沒注意到的新發現，和以前沒經歷過的滿足狀態。若父母不再從大人的世界俯視孩子，不再試圖向他們說教，而是轉而進入孩子的世界，以兒童的視線高度與他們四目相接，親子間就能更齊心、更有價值，這就是我的親身體驗。

如今孩子已經長大成人，我實際感受到親子一同度過的時光竟是如此短暫。兒女開始上學後，馬上就要往自己選擇的道路前進。他們很快就會長得比父母高，還會在父母尚未查覺之前早一步打造屬於自己的人生。改變確實就在轉眼之間，因此我才希望各位能把親子共度的時光運用到極致。

若是透過這本書能幫助各位改變平時的家庭生活，我撰寫本書的遠大目標就達成了。如果各位能從不同角度審視並思考家庭的課題，給自己機會獲取新的經驗，嘗試新的選擇，那麼各位與這本書相遇就有了意義。因為這會讓各位的人生有所不同。

有句話說：「找出產生差異的變化吧！」哪怕只是一點小小的變化，我也希望大家務必從親子共度的日常生活中發掘出來。而我也會一直為各位加油打氣，期盼大家可以從親子共度的日常生活中，發掘出這種細微的變化。

德國讀者來函感言

「如果有人想探尋絕妙的點子跟適當的行為來建立嶄新的親子關係，在這本書裡就能找得到。透過書上所寫的思考方式就能從壓力、對立和緊張中解脫，建立起喜悅與相互理解的基礎。」

「作者的見解幫助了父母優游自在地與孩子一起成長。她揭示了全新的選擇，指引我們如何掌握家庭問題，如何將它視為難得的學習機會再加以運用，使親子之間不再敵對，而是成為相互信任的夥伴。」

「對於無法更進一步理解孩子的父母，我會推薦這本書給他們。這本書能幫助父母從孩子的眼光看世界，了解孩子為什麼要一意孤行。只要善用書上所建議的方法，平常的家庭生活就會變得非常快樂。」

NLP基本術語索引

本索引條目收錄正文所介紹到的基本術語

目標

指一個人所期待的狀態（標的、目的和成果）。

設心錨

以特定感覺、姿勢及言語等刺激固著以往美妙的體驗，來啟動良好的身心狀態。

期望

不透過自身努力完成，而是需依對方表現才能滿足的期盼。通常被拿來跟靠自己就能達成的目標相比。

正向意圖

雖然沒有表露在外，卻在行為時不自覺懷抱的意圖。正面意圖不只存在於正面良善的行為中，負面不被允許和遭到指責的行為中也能發現它的蹤影。

信念、價值觀

英文寫做「Belief」和「Value」，指的是「珍惜的事物」、「抱持的信念」，或是「認定的觀念」，通常代表一個人採取行動和做出抉擇的基準。

表象系統

指一個人在無意識下優先使用的感官，由五感所組成，可分為以下三大系統：視覺型（V・visual）、聽覺型（A・auditory）和感覺型（K

・kinesthetic，包括觸覺、味覺及嗅覺）。

歸類

以更廣泛的抽象概念涵蓋目標及問題，或是反過來將之具體細分，修改成最容易達成的適當規模。

激勵

誘發自身行動的理由。

回溯

重複對方說過的話。

呼應

以對方的說話方式及態度來講話。

映現

在對方說話時仿傚他比出的手勢及動作。

模仿

想像自己理想的模樣，再親身仿傚這個形象。

建立親和感

這個用語的意思是架設心理橋樑，締結信賴關係。營造與對方的信賴關係也可以稱為「建立親和關係」。

引導

慢慢將對方的步調導引到自己想要的進行方式。

資源

指的是所有能輔助自己的事物。不單是金錢上的資源及財產，也包括自己的健康情形、心理狀態、至今的親身體驗和經驗，以及朋友家屬周遭人等。

NLP

神經語言程式學（Neuro Linguistic Programming）的縮寫，是1970年代發祥於美國的溝通理論。號稱能有效達成目的，解決問題。

後記

各位在日常生活中是否會從無意間脫口而出的話，或是從行為中發現什麼新的道理呢？讀了這本書並不代表完結，而是讀完書後才正要開始。

丹妮拉女士在序章裡介紹本書的主旨在於「父母能為自己和孩子做些什麼，好讓彼此和諧相處？」各位的心底現在是否也可以浮現出「自己能夠辦到的事」呢？本書透過NLP理論提出了許多實際上「能夠做到的事」，藉此或許能夠改變思維，獲得嶄新的思考方式，並發揮思考的靈活性，或許還可以檢視自己在跟孩子說話時是抱持什麼樣的心態。

在實踐NLP技巧後，父母與孩子的關係就會奇蹟似地改善。其關鍵就在於該怎麼將這種想法在日常生活中貫徹下去，哪怕各位所在乎的，所期盼的願景就只有一件，也請務必從這一件事開始試起。這麼一來，妳跟

NLP研究所　董事長　堀井惠
董事　堀口紫

孩子之間的關係就有可能出現大幅度的轉變。

我們ＮＬＰ研究所很高興能引介丹妮拉女士的著作，她的書既溫暖人心又兼具實用價值。我們與丹妮拉女士的交流始於２００６年的一封電子郵件。當時她在德國經營ＮＬＰ研究所，聽ＮＬＰ大學羅勃・帝爾茲（Robert Dilts）說起日本ＮＬＰ研究所的推廣工作也做得很棒，於是她就深感興趣地寄了電子郵件過來。一年後，丹妮拉女士親訪我們ＮＬＰ研究所，之後她就深深愛上日本，屢次來日本與我們相會。而我們也去拜訪丹妮拉女士在德國的研究所，加強了雙方間的交流。

每次和丹妮拉女士見面，我們都能感受到她溫和的人品以及對人的關懷。她聰明的女兒進了牛津大學，她的兒子15歲就具備哲學家般深刻的洞察力，還有既溫柔又深愛她的先生。他們一同建立出的美好家庭關係，在在令人深受感動。而這正證明了她寫於本書的育兒方法是成功的。同時我們也非常尊敬丹妮拉女士在ＮＬＰ上深刻的造詣，以及身為心理學家所具備的專業知識。

對於這次能將敬愛的丹妮拉女士，以及我們NLP研究所設立之初就想傳達給各位的理念，透過這本專為母親而寫的書籍介紹給大家一事，我們感到非常的自豪。

最後我們要誠心感謝盡力出版本書的學研教育出版的吉村典子女士。

希望本書能成為妳育兒用的經典作之一。

Note

國家圖書館出版品預行編目資料

最幸福的育兒術：活用 NLP，教出正向、自律好孩子／
丹妮拉・布利坎（Daniela Blickhan）作；李友君譯.
-- 初版. -- 新北市：世茂出版有限公司，2022.04
面；　公分. --（婦幼館 ；174）
譯自：もっと幸せな育児 8 つのコツ
ISBN 978-986-5408-81-7（平裝）

1. CST：育兒　2. CST：親職教育

428.8　　111000380

婦幼館 174

最幸福的育兒術：活用 NLP，教出正向、自律好孩子

作　　者／丹妮拉・布利坎
監　　修／堀井惠
譯　　者／李友君
主　　編／楊鈺儀
封面設計／季曉彤
出 版 者／世茂出版有限公司
地　　址／（231）新北市新店區民生路 19 號 5 樓
電　　話／（02）2218-3277
傳　　真／（02）2218-3239（訂書專線）
劃撥帳號／ 19911841
戶　　名／世茂出版有限公司　單次郵購總金額未滿 500 元（含），請加 80 元掛號費
酷 書 網／ www.coolbooks.com.tw
排版製版／辰皓國際出版製作有限公司
印　　刷／世和彩色印刷有限公司
初版一刷／ 2022 年 4 月

I S B N ／ 978-986-5408-81-7
定　　價／ 300 元

Motto Shiawase na Ikuji 8tsu no Kotsu

First published in Japan 2009 by Gakken Education Publishing Co., Ltd., Tokyo
Traditional Chinese translation rights arranged with Gakken Education Publishing Co., Ltd.
Through Future View Technology Ltd.